别墅设计

实/用/图/集

《别墅设计实用图集》编委会　编

江苏凤凰科学技术出版社 · 南京

图书在版编目（CIP）数据

别墅设计实用图集 / 《别墅设计实用图集》编委会编. -- 南京 : 江苏凤凰科学技术出版社, 2022.8
ISBN 978-7-5713-3027-9

Ⅰ. ①别… Ⅱ. ①别… Ⅲ. ①别墅－建筑设计－图集 Ⅳ. ①TU241.1-64

中国版本图书馆CIP数据核字(2022)第108716号

别墅设计实用图集

编　　者	《别墅设计实用图集》编委会
项目策划	凤凰空间/陈　景　高　申
责任编辑	赵　研　刘屹立
特约编辑	高　申
出版发行	江苏凤凰科学技术出版社
出版社地址	南京市湖南路1号A楼，邮编：210009
出版社网址	http://www.pspress.cn
总　经　销	天津凤凰空间文化传媒有限公司
总经销网址	http://www.ifengspace.cn
印　　刷	北京博海升彩色印刷有限公司
开　　本	889mm×1194mm 1 / 16
印　　张	15
字　　数	192 000
版　　次	2022年8月第1版
印　　次	2022年8月第1次印刷
标准书号	ISBN 978-7-5713-3027-9
定　　价	228.00元

图书如有印装质量问题，可随时向销售部调换（电话：022-87893668）。

目录

现代简约风格

海南文昌现代两层别墅 010
2 层 建筑面积：223.73 m^2

湖南长沙郭家现代别墅 012
4 层 建筑面积：571.00 m^2

上海闵行徐家现代别墅 015
2 层 建筑面积：187.44 m^2

浙江温州徐家现代别墅 016
4 层 建筑面积：351.00 m^2

北京顺义方家现代别墅 019
2 层 建筑面积：226.00 m^2

河北保定翟家现代别墅 020
2 层 建筑面积：426.00 m^2

湖南永州周家现代别墅 022
3 层 建筑面积：683.00 m^2

贵州六盘水杜家现代别墅 024
2 层 建筑面积：301.00 m^2

重庆铜梁董家现代别墅 026
2 层 建筑面积：311.00 m^2

北京房山许家现代别墅 028
2 层 建筑面积：280.00 m^2

广东湛江梁家现代别墅 030
4 层 建筑面积：526.00 m^2

北京昌平王家现代别墅 032
3 层 建筑面积：541.00 m^2

湖南怀化侯家现代别墅 034
3 层 建筑面积：503.00 m^2

浙江衢州张家现代别墅 036
3 层 建筑面积：300.00 m^2

湖南长沙谢家现代别墅 038
4 层 建筑面积：570.00 m^2

湖南益阳党家现代别墅 040
2 层 建筑面积：320.00 m^2

安徽六安董家现代别墅 042
2 层 建筑面积：278.00 m^2

河南巩义魏家现代别墅 044
3 层 建筑面积：287.00 m^2

广西柳州范家三层现代别墅 046
3 层 建筑面积：438.00 m^2

北京顺义李家现代别墅 048
2 层 建筑面积：383.00 m^2

河南平顶山宋家现代别墅 050
2 层 建筑面积：273.00 m^2

北京密云张家现代别墅 051
2 层 建筑面积：312.00 m^2

北京顺义王家现代别墅 052
2 层 建筑面积：501.00 m^2

欧式简约风格

广东揭阳黄家欧式别墅 054
2 层 建筑面积：246.00 m^2

北京顺义王家欧式别墅 056
2 层 建筑面积：276.87 m^2

湖北襄阳施家欧式别墅 058
2 层 建筑面积：283.00 m^2

湖南衡阳欧家欧式别墅 060
2 层 建筑面积：418.00 m^2

河南周口朱家欧式别墅 062
3 层 建筑面积：383.00 m^2

湖北黄石袁家欧式别墅 064
3 层 建筑面积：317.00 m^2

河北沧州张家欧式别墅 066
2 层 建筑面积：324.00 m^2

湖南衡阳周家欧式别墅 068
3 层 建筑面积：538.00 m^2

江苏常州周家欧式乡墅 070
2 层 建筑面积：383.00 m^2

北京顺义张家欧式别墅 071
2 层 建筑面积：286.85 m^2

湖北襄阳陈家欧式别墅 072
3 层 建筑面积：356.00 m^2

四川成都陶家欧式别墅 074
3 层 建筑面积：416.00 m^2

内蒙古赤峰刘家欧式别墅 076
2 层 建筑面积：299.00 m^2

河北邯郸李家欧式别墅 078
2 层 建筑面积：285.00 m^2

广东茂名李家欧式别墅 079
3 层 建筑面积：452.00 m^2

湖南娄底邓家欧式别墅 080
3 层 建筑面积：475.00 m^2

湖南长沙王家简欧别墅 082
2 层 建筑面积：283.00 m^2

北京通州何家欧式别墅 084
2 层 建筑面积：225.00 m^2

浙江杭州胡家欧式别墅 086
3 层 建筑面积：399.00 m^2

广东广州从化钟家欧式别墅 088
4 层 建筑面积：286.00 m^2

湖南岳阳杨家欧式别墅 090
4 层 建筑面积：996.00 m^2

新中式风格

北京延庆马家新中式别墅 094
2 层 建筑面积：316.18 m^2

山东菏泽刘家新中式别墅 096
3 层 建筑面积：264.71 m^2

江西景德镇张家新中式别墅 098
3 层 建筑面积：279.00 m^2

广东佛山苏家新中式别墅 100
2 层 建筑面积：359.00 m^2

安徽黄山方家新中式别墅 102
3 层　建筑面积：392.00 m^2

广东梅州吴家新中式别墅 104
3 层　建筑面积：485.38 m^2

湖北咸宁徐家新中式别墅 106
3 层　建筑面积：535.00 m^2

江西吉安曾家新中式别墅 108
3 层　建筑面积：368.00 m^2

湖南邵阳杨家新中式别墅 110
3 层　建筑面积：264.00 m^2

江西吉安徽派雅居 112
2 层　建筑面积：584.00 m^2

河北承德马家新中式别墅 114
2 层　建筑面积：357.00 m^2

北京房山新中式别墅 116
2 层　建筑面积：638.00 m^2

河北廊坊张家新中式别墅 118
2 层　建筑面积：659.00 m^2

浙江台州吴家新中式别墅 120
3 层　建筑面积：320.00 m^2

湖南长沙乡宁彭家别墅 122
2 层　建筑面积：287.00 m^2

湖南邵阳易家别墅 124
2 层　建筑面积：480.00 m^2

北京延庆李家露台别墅 127
2 层　建筑面积：390.00 m^2

海南万宁王家新中式别墅 128
3 层　建筑面积：395.00 m^2

湖南常德周家新中式别墅 130
3 层　建筑面积：469.00 m^2

江西九江查家别墅 132
3 层　建筑面积：228.00 m^2

河北秦皇岛王家新中式合院 134
1 层　建筑面积：255.00 m^2

湖南长沙新中式别墅 136
4 层　建筑面积：560.00 m^2

安徽合肥沈家新中式宅院 138
2 层　建筑面积：451.00 m^2

广东惠州陈家新中式宅院别墅 141
2 层　建筑面积：270.00 m^2

湖南娄底李家新中式别墅 142
3 层　建筑面积：326.00 m^2

北京平谷徽派别墅 144
3 层　建筑面积：365.00 m^2

河南洛阳甄家新中式别墅 146
3 层　建筑面积：530.00 m^2

湖北襄阳王家新中式合院 148
1 层　建筑面积：192.00 m^2

安徽安庆朱家新中式别墅 150
3 层　建筑面积：438.00 m^2

湖南长沙刘家新中式别墅 152
3 层　建筑面积：579.00 m^2

四川绵阳陈家新中式合院 154
1 层　建筑面积：150.00 m^2

安徽池州钱家新中式别墅 156
3 层　建筑面积：457.00 m^2

四川巴中黄家别墅 158
3 层　建筑面积：324.00 m^2

海南万宁邓家新中式别墅 160
3 层　建筑面积：395.00 m^2

中式合院风格

湖南岳阳周家中式三合院别墅 162
1 层　建筑面积：181.83 m^2

河北保定张家中式别墅 164
2 层　建筑面积：508.00 m^2

湖北黄冈吴家中式宅院 166
2 层　建筑面积：229.00 m^2

安徽阜阳吕家中式三合院 168
2 层　建筑面积：366.00 m^2

安徽淮北彭家四合院 170
1 层　建筑面积：549.00 m^2

江苏南通刘家苏派三合院 172
2 层　建筑面积：396.00 m^2

湖南长沙浏阳李家中式合院 173
1 层　建筑面积：279.00 m^2

河北涿州齐家中式三合院 174
2 层　建筑面积：264.00 m^2

山东淄博李家中式宅院 176
2 层　建筑面积：291.00 m^2

江西赣州大余郑家中式合院 178
2 层　建筑面积：408.00 m^2

云南迪庆舒家中式合院 180
2 层　建筑面积：460.00 m^2

混合中式风格

北京房山郑家别墅 184
2 层　建筑面积：351.66 m^2

河北保定李家别墅 186
2 层　建筑面积：218.18 m^2

湖南邵阳刘家别墅 188
2 层　建筑面积：314.50 m^2

浙江杭州程家别墅 190
3 层　建筑面积：428.00 m^2

广东清远谭家别墅 192
3 层　建筑面积：495.52 m^2

江西抚州李家别墅 194
3 层　建筑面积：591.00 m^2

河南郑州魏家别墅 196
3 层　建筑面积：631.00 m^2

湖北孝感喻家别墅 198
2 层　建筑面积：301.00 m^2

陕西渭南王家别墅 200
2 层　建筑面积：338.00 m^2

河南南阳荣家别墅 202
2 层　建筑面积：351.00 m^2

北京密云王家别墅 204
2 层　建筑面积：242.00 m^2

河南洛阳杜家别墅 206
4 层　建筑面积：658.00 m^2

云南曲靖代家别墅 208
2 层　建筑面积：326.00 m^2

安徽芜湖朱家混合中式别墅 210
2 层　建筑面积：336.00 m^2

北京房山高家混合中式别墅 212
2 层　建筑面积：379.00 m^2

北京平谷张家混合中式别墅 214
2 层　建筑面积：381.00 m^2

广东湛江许家度假别墅 216
2 层　建筑面积：819.00 m^2

河南安阳张家别墅 217
3 层　建筑面积：628.00 m^2

福建漳州黄家混合中式别墅 218
4 层　建筑面积：1100.00 m^2

民宿

浙江舟山水案山居民宿 222
4 层　建筑面积：401.01 m^2

北京平谷玖佑民宿 224
2 层 建筑面积：552.00 m^2

安徽安庆现代民宿 226
2 层　建筑面积：558.00 m^2

江苏扬州易家民宿 228
3 层　建筑面积：665.00 m^2

北京房山李家现代民宿 230
2 层　建筑面积：235.00 m^2

福建泉州颜家现代民宿 232
3 层　建筑面积：524.00 m^2

北京延庆马家现代民宿 234
2 层　建筑面积：252.00 m^2

甘肃白银张家现代民宿 236
2 层　建筑面积：421.00 m^2

北京密云韦家民宿 238
2 层　建筑面积：156.00 m^2

北京通州刘家民宿 240
1 层　建筑面积：326.00 m^2

现代简约风格

现代简约风格既能体现现代所提倡的简约风格，又能很好地展示业主的个性，同时也能让居住者更好地体验到实用性与舒适性。现代简约风格别墅设计受到不少业主的青睐与追捧，尽管现代简约风格源于欧洲，但却比较符合中国人的审美与生活需要。

室内空间开阔通透，能让房间显得更大；室内墙体、地面、顶棚以及家具陈设等均以简洁的造型、纯洁的质地、精细的工艺为特征，看起来更有档次；尽可能避免多余的装饰，这样不仅合理节约了装修费用，而且不减房屋的实用性；装饰摆件多选用简洁的工业产品，以线条的形式呈现，玻璃金属多被使用，在美化家庭环境的同时，整体风格上也显得非常融洽。

现代简约风格重在简约，在设计中，无须采用豪华繁琐的装饰，整体更侧重于功能实用强大、线条流畅简洁、色彩柔和舒适，为别墅主人营造一种“简约而不简单”的生活环境。

现代简约风格别墅最突出的特色便是挥洒个性，设计全凭创意，从一栋别墅的设计上便可以窥见其房主的个性。

海南文昌现代两层别墅

土建造价：51.00 万元

建筑面积：223.73 m^2

占地面积：131.00 m^2

面　　宽：11.40 m

进　　深：12.30 m

开间数量：3 开间

建筑层数：2 层

结构形式：框架结构

建筑特征：有车库，有露台，平屋顶，有庭院

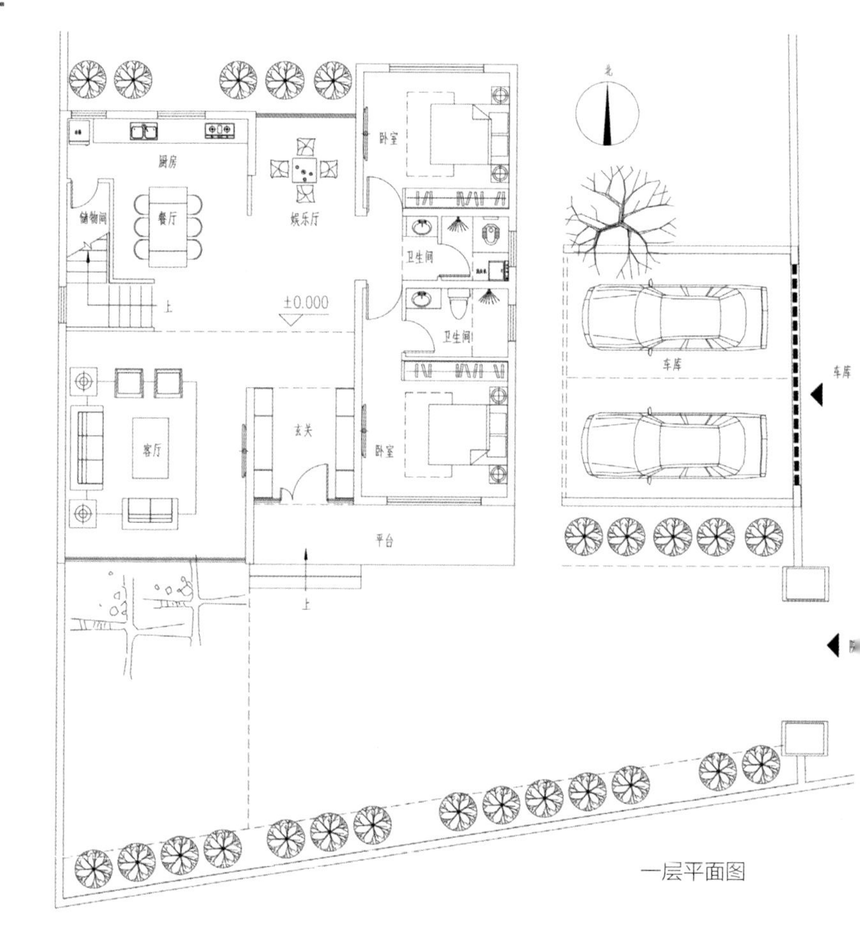

一层平面图

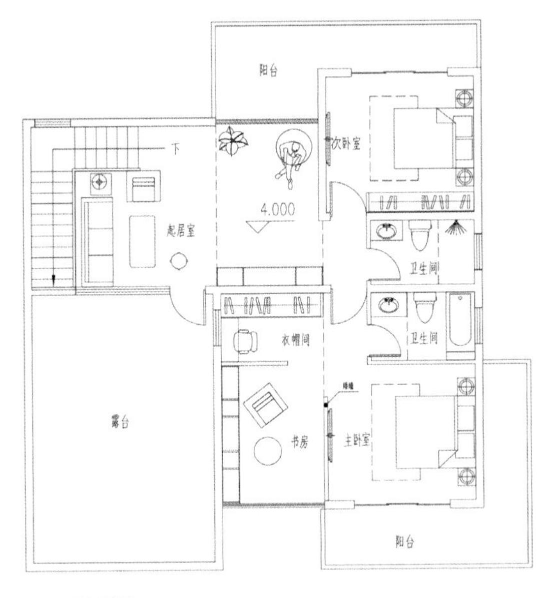

二层平面图

总平面图

南立面图

东立面图

北立面图

西立面图

湖南长沙郭家现代别墅

土建造价：108.00 万元

建筑面积：571.00 m^2

占地面积：218.00 m^2

面　　宽：17.90 m

进　　深：15.20 m

开间数量：3 开间

建筑层数：4 层

结构形式：框架结构

建筑特征：有露台，平屋顶，有庭院

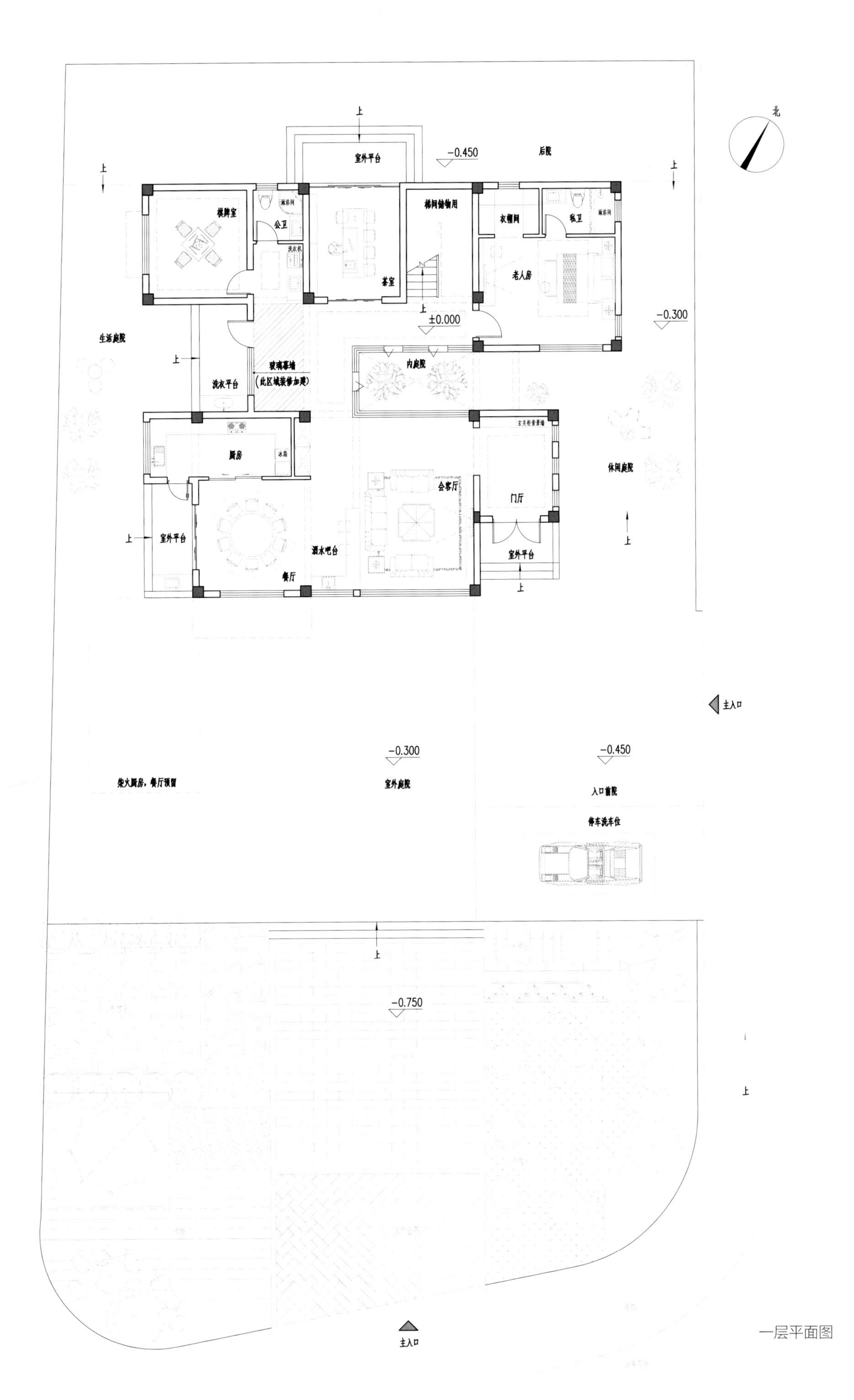
北
上
室外平台
-0.450
后院
上
上
棋牌室
公卫
茶室
楼间储物用
衣帽间
私卫
老人房
±0.000
-0.300
生活庭院
上
玻璃幕墙
（此区域装修加建）
洗衣平台
内庭院
厨房
冰箱
会客厅
门厅
休闲庭院
上
室外平台
酒水吧台
室外平台
餐厅
上
主入口
-0.300
-0.450
柴火厨房，餐厅预留
室外庭院
入口前院
停车洗车位
上
-0.750
上
主入口

一层平面图

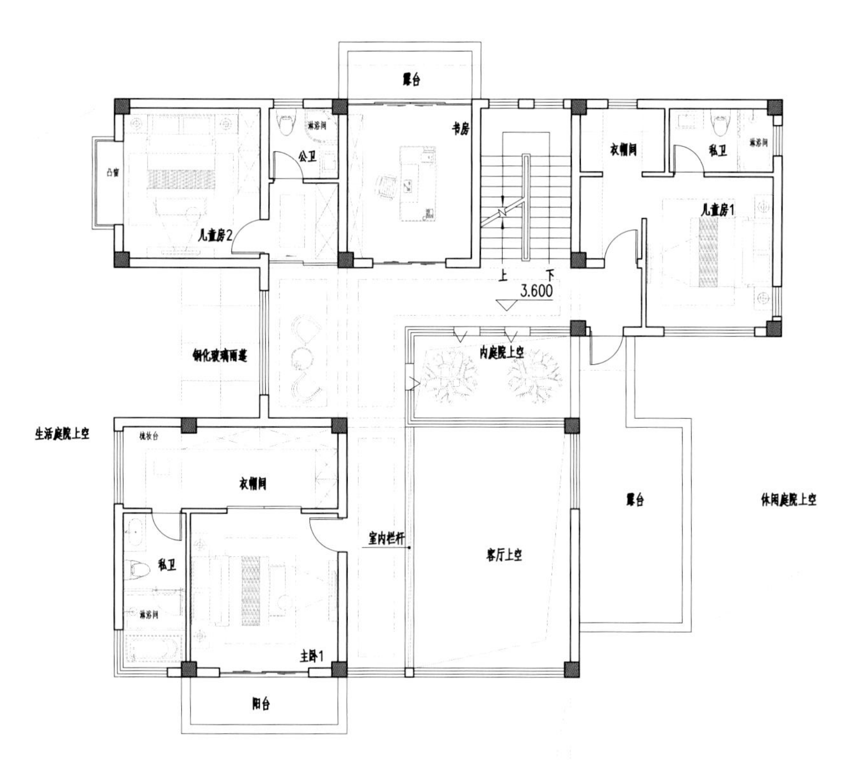

二层平面图

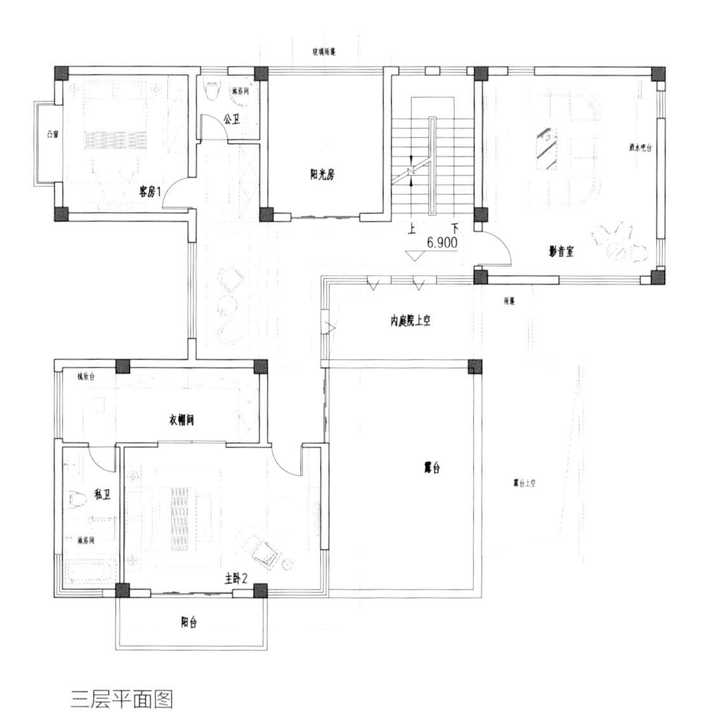

三层平面图

玻璃雨蓬
露台
10.200
下
露台
玻璃雨蓬
花池

四层平面图

上海闵行徐家现代别墅

土建造价：52.80 万元	面　　宽：11.69 m	建筑层数：2 层
建筑面积：187.44 m^2	进　　深：8.00 m	结构形式：砖混结构
占地面积：108.06 m^2	开间数量：3 开间	建筑特征：有露台，平屋顶，坡屋顶

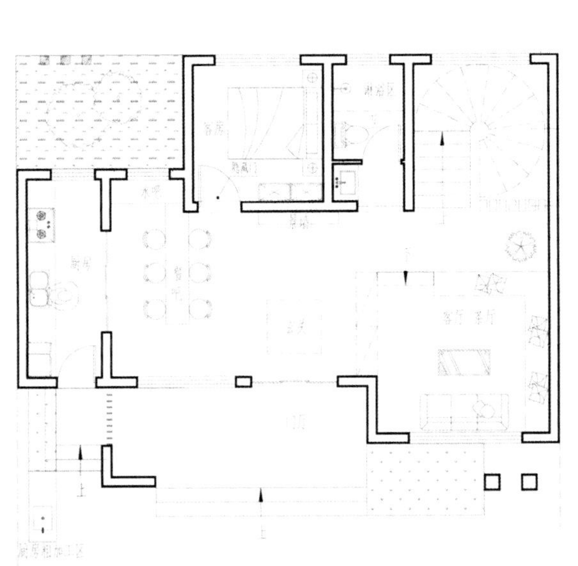

一层平面图

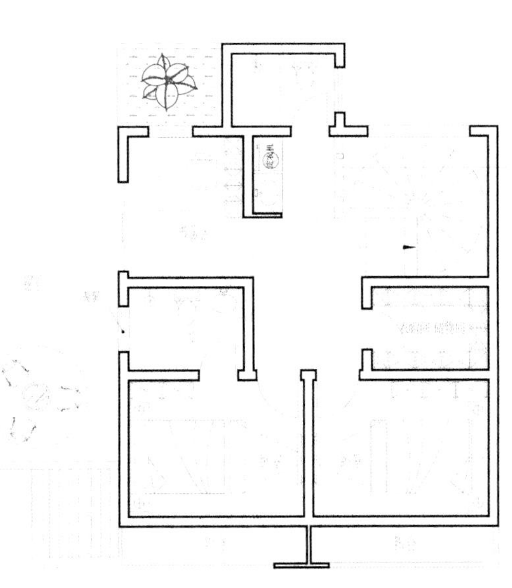

二层平面图

浙江温州徐家现代别墅

土建造价：65.00 万元

建筑面积：351.00 m^2

占地面积：111.00 m^2

面　　宽：8.00 m

进　　深：13.90 m

开间数量：2 开间

建筑层数：4 层

结构形式：框架结构

建筑特征：有露台，贴邻居，北楼梯

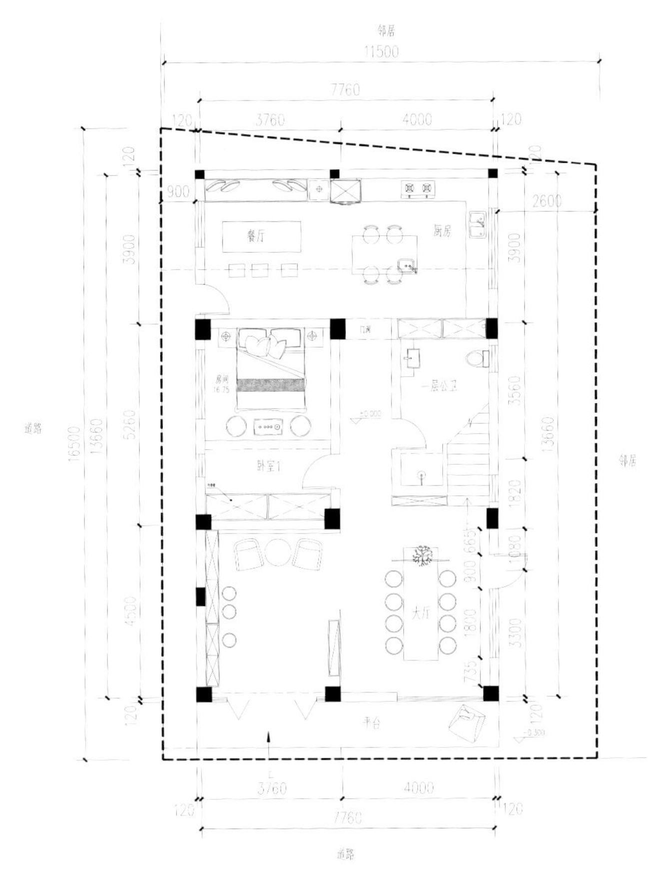

一层平面图

二层平面图

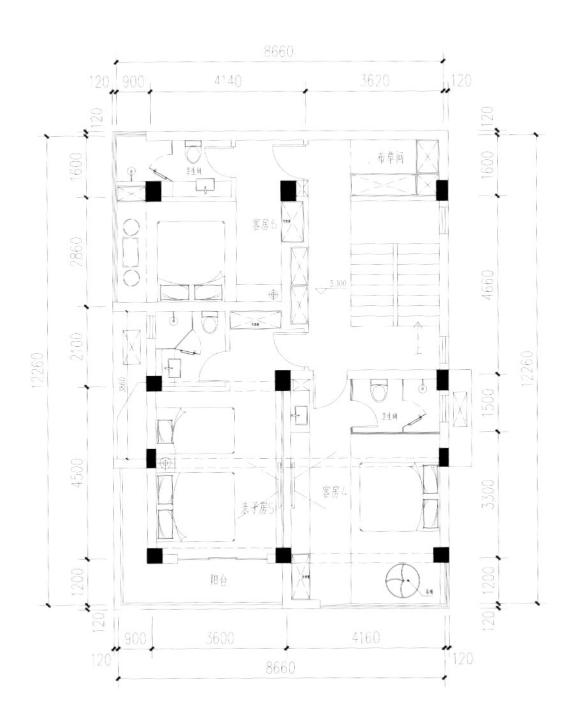

三层平面图

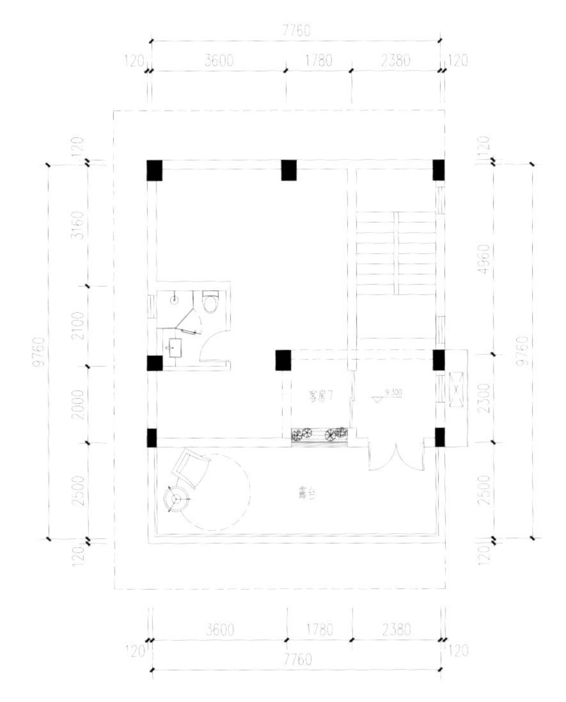

四层平面图

北京顺义方家现代别墅

土建造价：41.00 万元

建筑面积：226.00 m^2

占地面积：118.00 m^2

面　　宽：12.40 m

进　　深：10.00 m

开间数量：3 开间

建筑层数：2 层

结构形式：砖混结构

建筑特征：有露台，平屋顶，贴邻居，有庭院，东楼梯

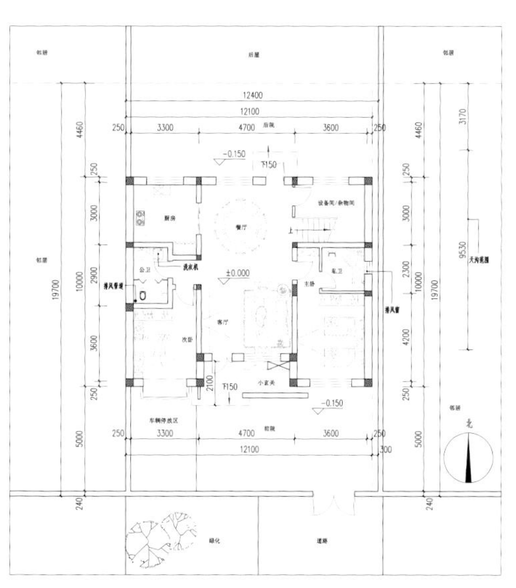

一层平面图

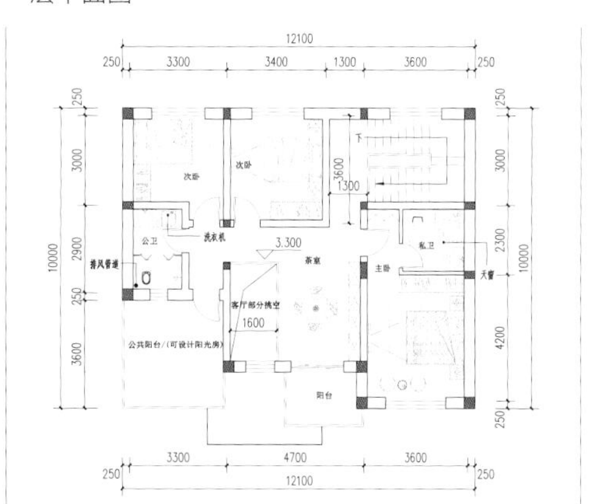

二层平面图

河北保定翟家现代别墅

土建造价：72.40 万元

建筑面积：426.00 m^2

占地面积：248.00 m^2

面　　宽：17.60 m

进　　深：28.60 m

开间数量：3 开间

建筑层数：2 层

结构形式：砖混结构

建筑特征：平屋顶，有庭院，三合院

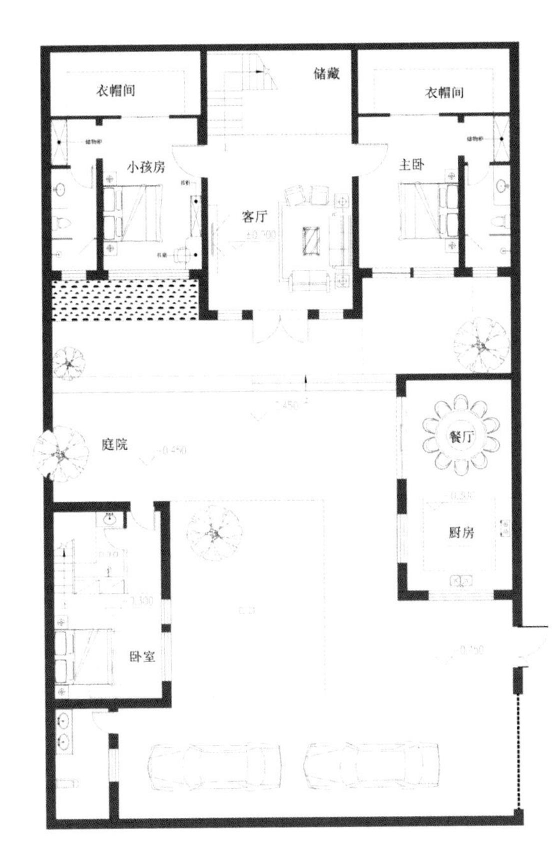

一层平面图

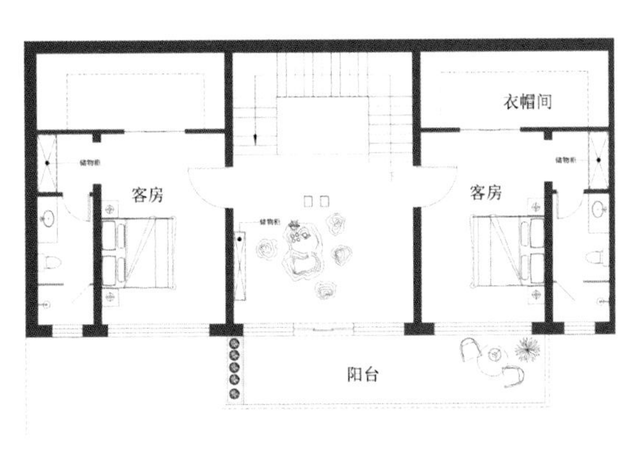

二层平面图

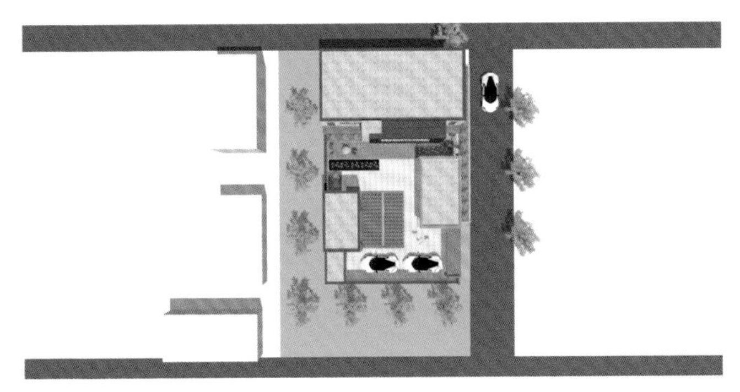

总平面图

南立面图

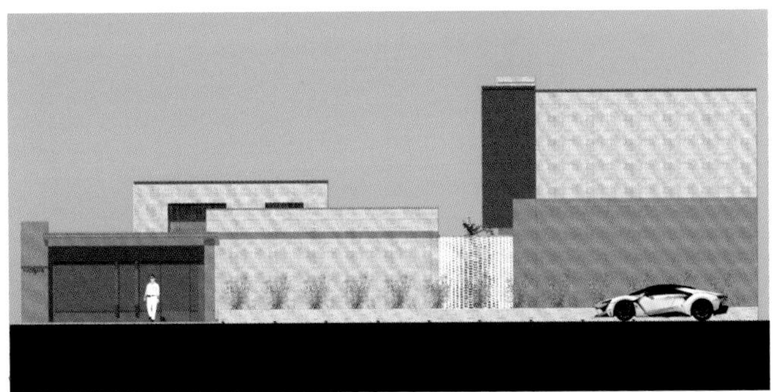

东立面图

北立面图

西立面图

湖南永州周家现代别墅

土建造价：133.90 万元

建筑面积：683.00 m^2

占地面积：341.00 m^2

面　　宽：25.20 m

进　　深：13.50 m

开间数量：5 开间

建筑层数：3 层

结构形式：框架结构

建筑特征：有车库，有露台，平屋顶，有庭院

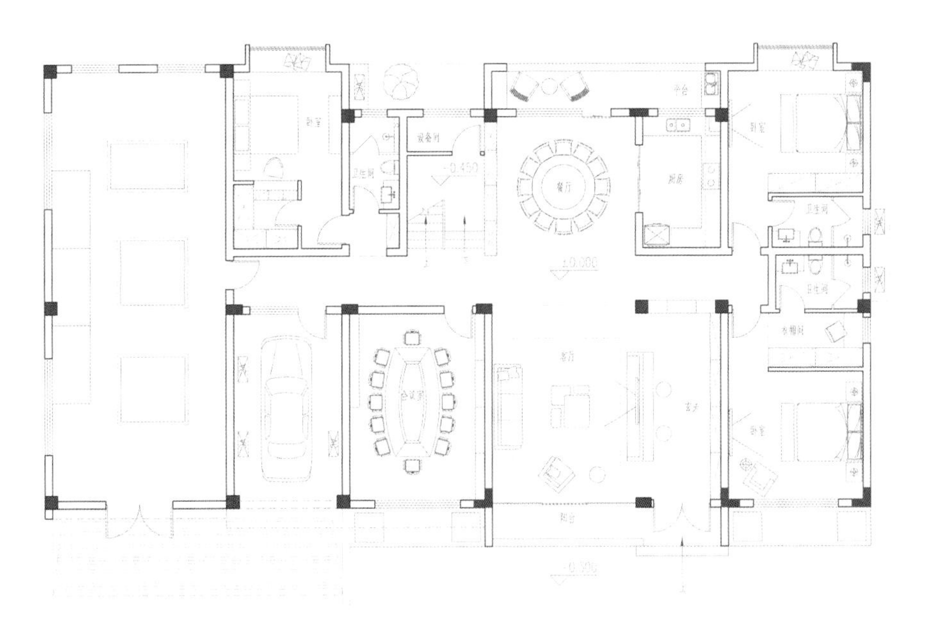

一层平面图

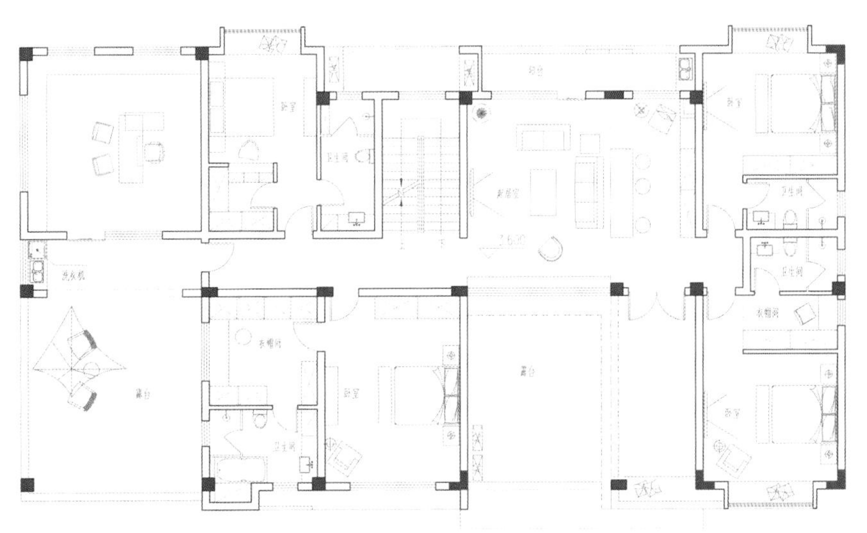

二层平面图

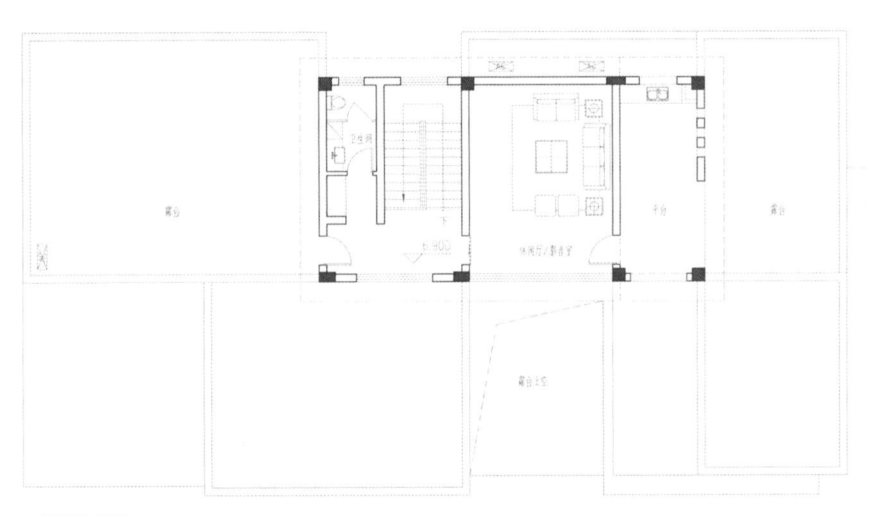

三层平面图

贵州六盘水杜家现代别墅

土建造价：46.60 万元

建筑面积：301.00 m^2

占地面积：144.00 m^2

面　　宽：15.40 m

进　　深：13.20 m

开间数量：4 开间

建筑层数：2 层

结构形式：砖混结构

建筑特征：有露台，坡屋顶，北入口

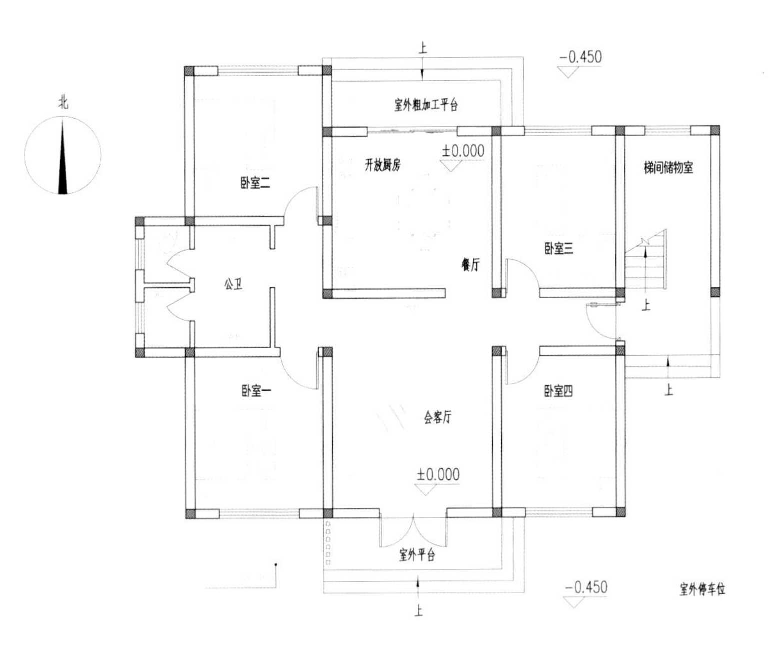

一层平面图

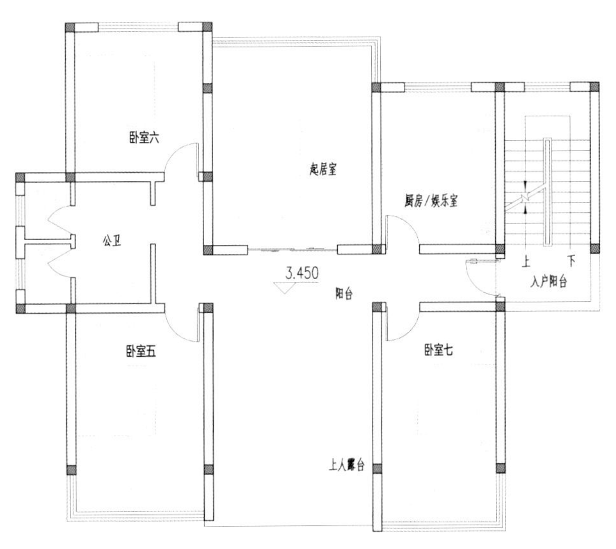

二层平面图

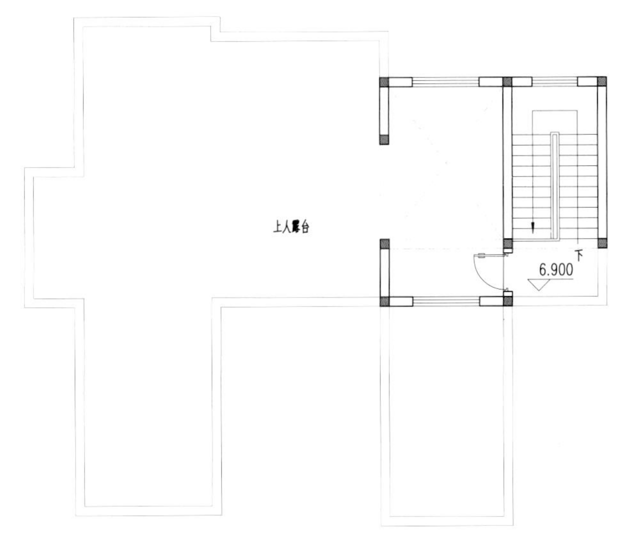

三层平面图

重庆铜梁董家现代别墅

土建造价：62.20 万元

建筑面积：311.00 m^2

占地面积：175.00 m^2

面　　宽：14.60 m

进　　深：13.00 m

开间数量：3 开间

建筑层数：2 层

结构形式：框架结构

建筑特征：有露台，坡屋顶，有庭院，北入口，有土灶

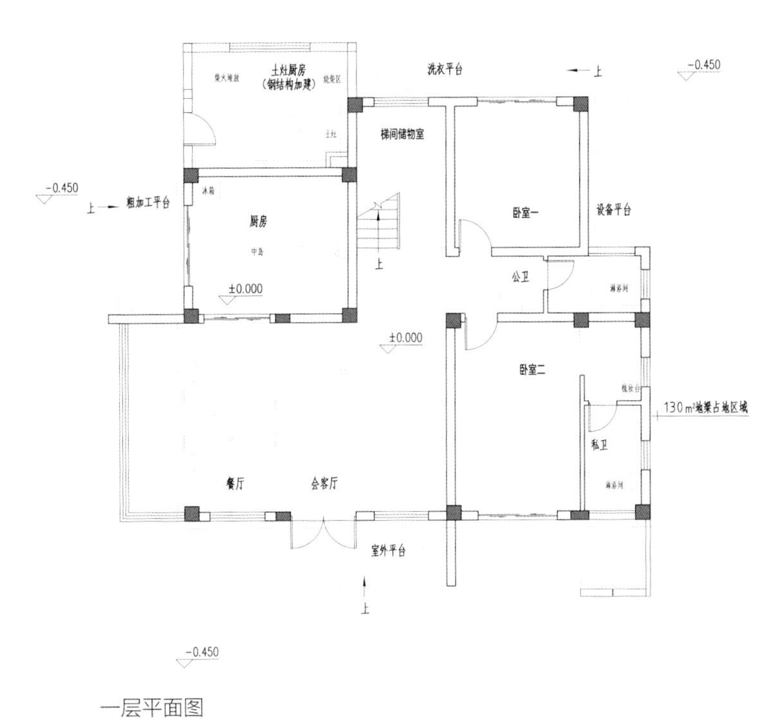
土灶厨房
（钢结构加建）
洗衣平台
上
-0.450
梯间储物室
-0.450
上
粗加工平台
厨房
±0.000
卧室一
设备平台
上
公卫
±0.000
卧室二
130 m²地基占地区域
私卫
餐厅
会客厅
室外平台
上
-0.450

一层平面图

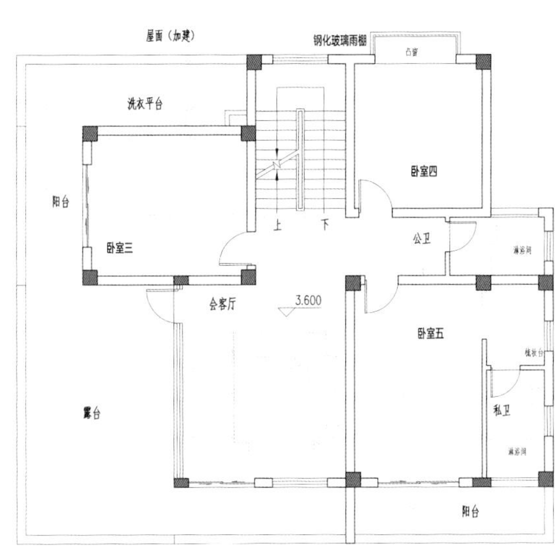
屋面（加建）
钢化玻璃雨棚
洗衣平台
阳台
卧室三
卧室四
上
下
公卫
会客厅
3.600
卧室五
露台
私卫
阳台

二层平面图

北京房山许家现代别墅

土建造价：50.00 万元

建筑面积：280.00 m^2

占地面积：156.00 m^2

面　　宽：13.00 m

进　　深：13.00 m

开间数量：3 开间

建筑层数：2 层

结构形式：砖混结构

建筑特征：有露台，平屋顶，贴邻居，有庭院

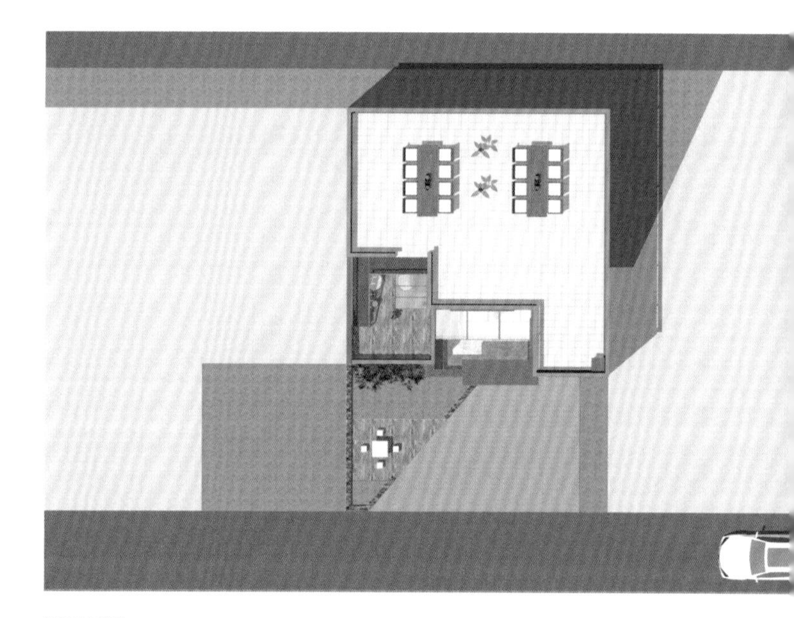

总平面图

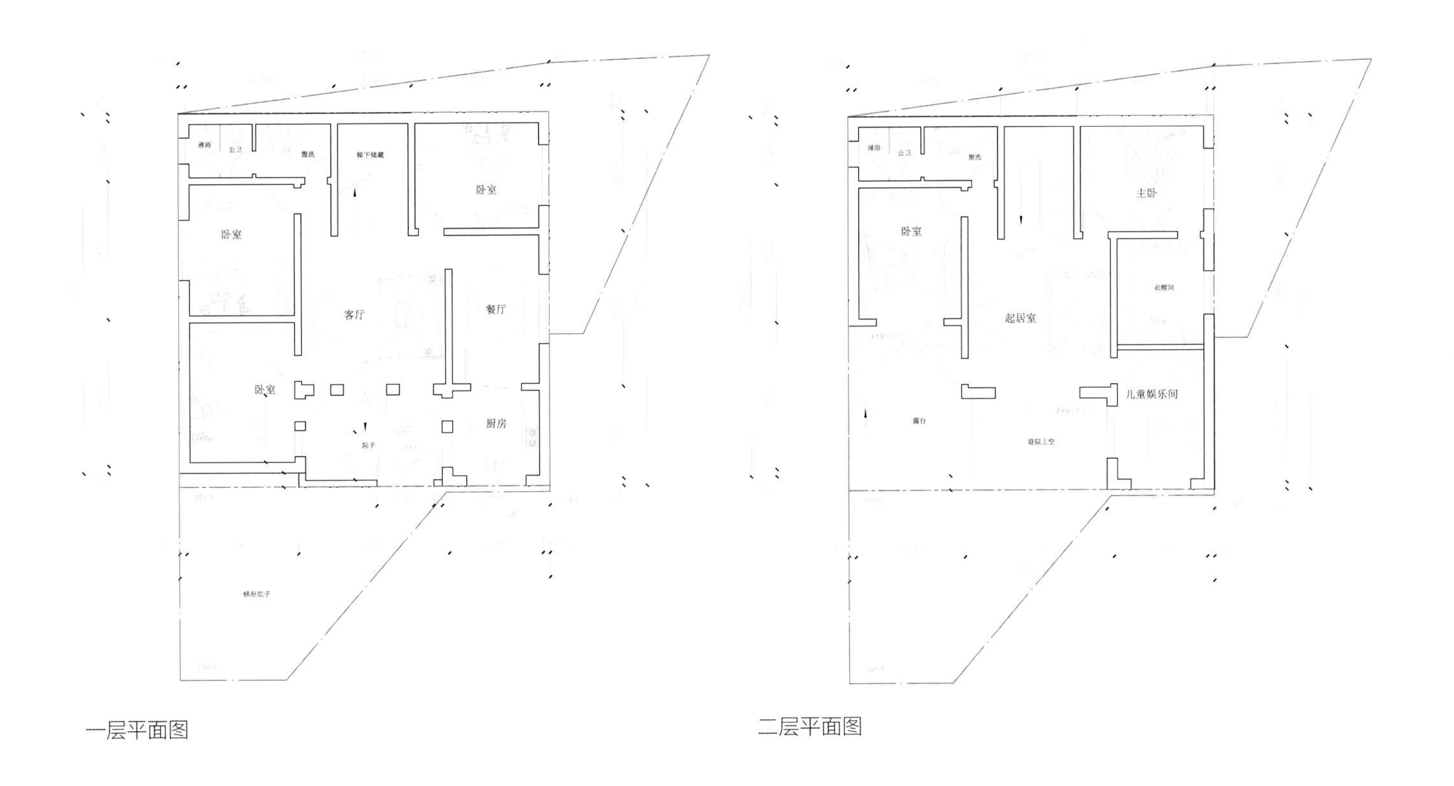

一层平面图

二层平面图

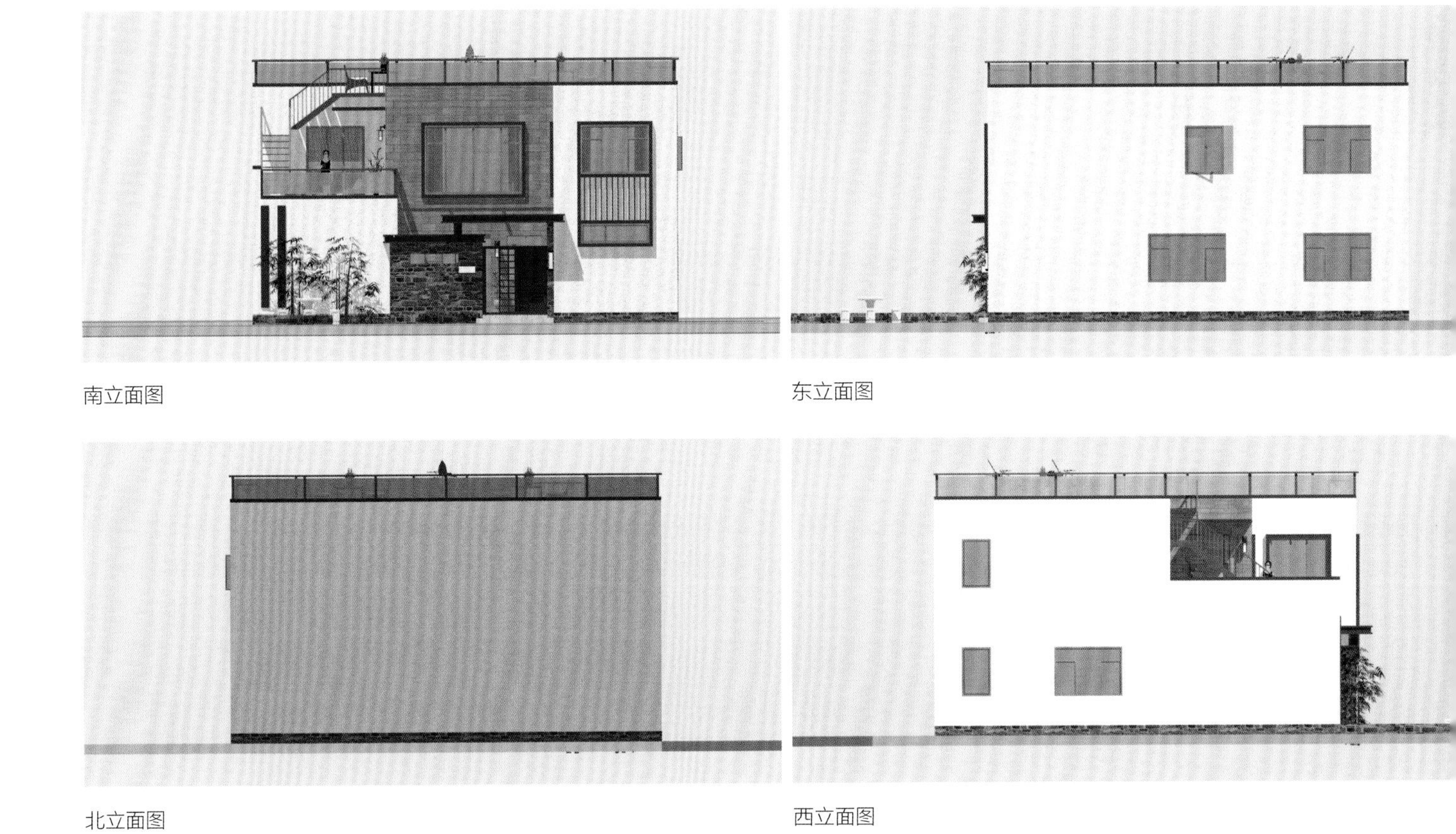

南立面图

东立面图

北立面图

西立面图

广东湛江梁家现代别墅

土建造价：96.20 万元

建筑面积：526.00 m^2

占地面积：144.00 m^2

面　　宽：11.80 m

进　　深：12.70 m

开间数量：3 开间

建筑层数：4 层

结构形式：框架结构

建筑特征：有露台，平屋顶，有庭院，北楼梯

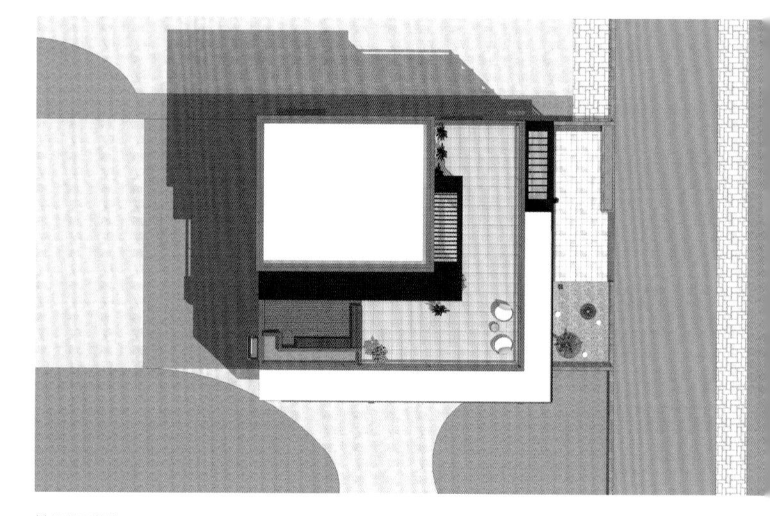

总平面图

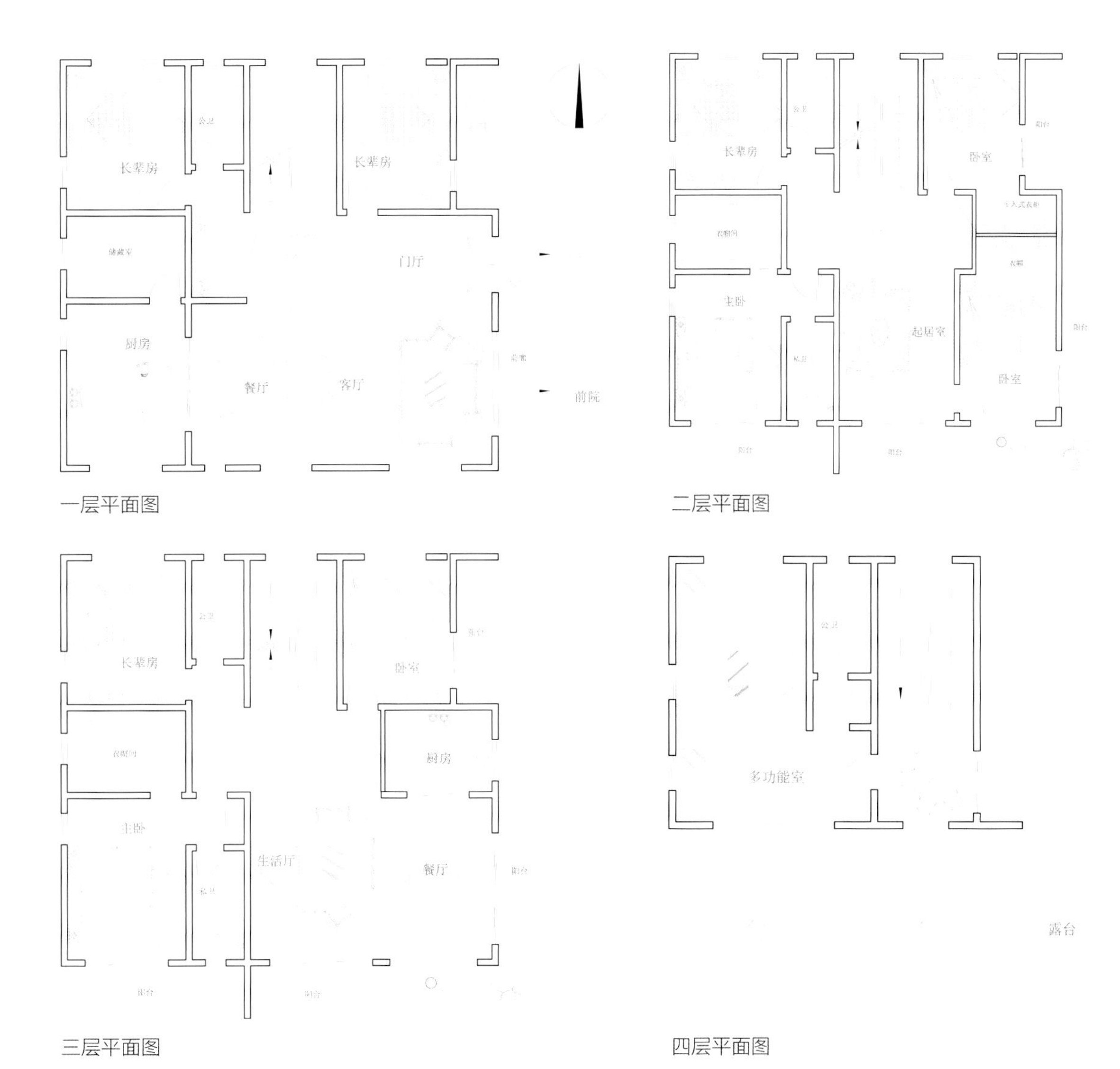

一层平面图　　二层平面图

三层平面图　　四层平面图

南立面图　　东立面图

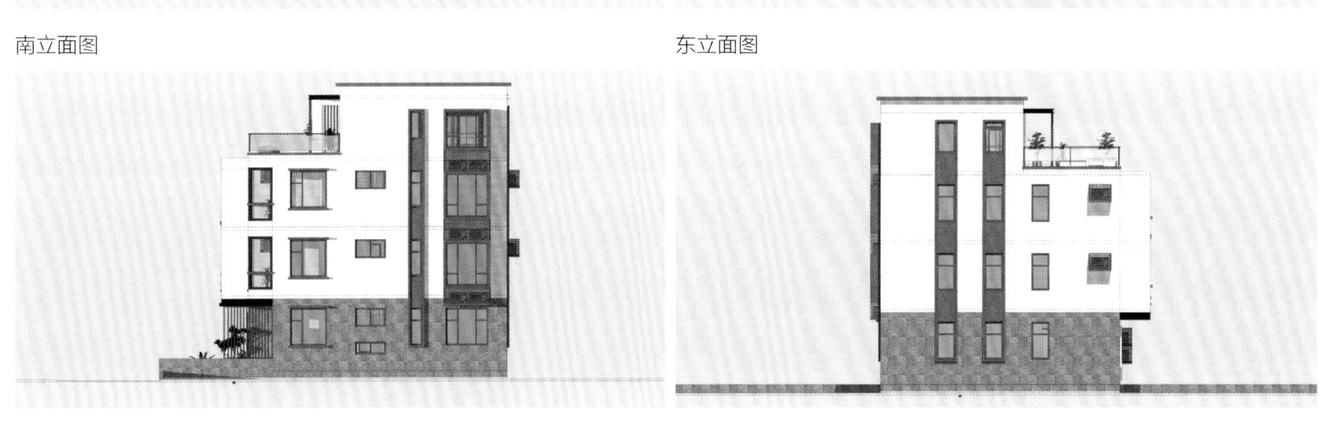

北立面图　　西立面图

北京昌平王家现代别墅

土建造价：94.90 万元

建筑面积：541.00 m^2

占地面积：210.00 m^2

面　　宽：19.00 m

进　　深：14.20 m

开间数量：3 开间

建筑层数：3 层

结构形式：砖混结构

建筑特征：带地下室，有车库，有露台，平屋顶，贴邻居，有庭院

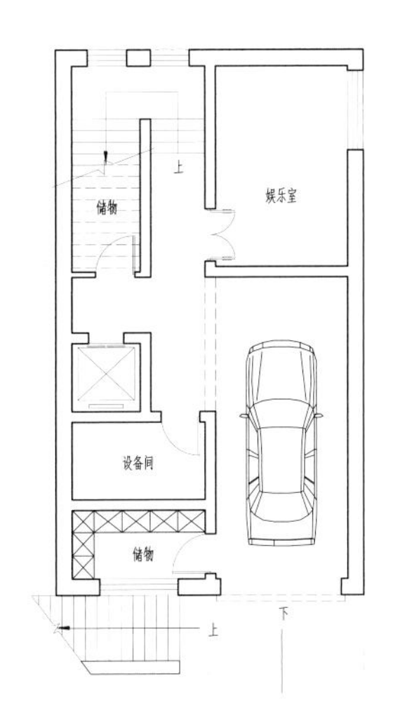

地下一层平面图

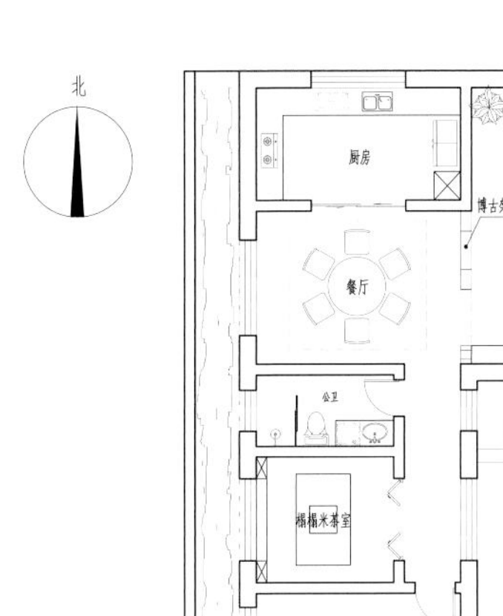

一层平面图

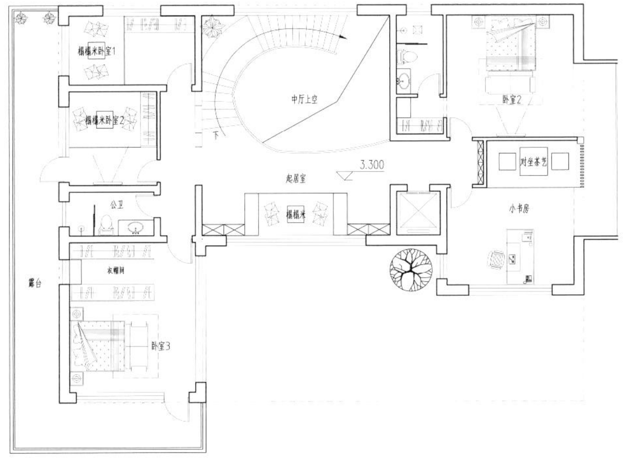

二层平面图

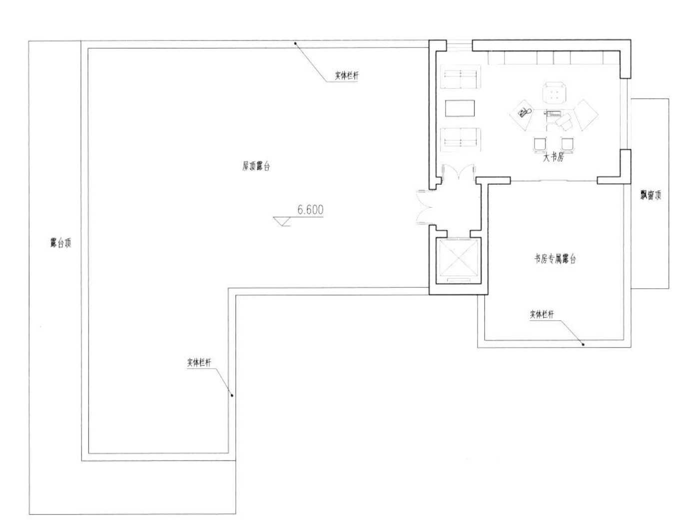

三层平面图

湖南怀化侯家现代别墅

土建造价：98.00 万元

建筑面积：503.00 m^2

占地面积：190.00 m^2

面　　宽：22.10 m

进　　深：11.40 m

开间数量：4 开间

建筑层数：3 层

结构形式：框架结构

建筑特征：有车库，有露台，平屋顶，有堂屋，有庭院，北入口

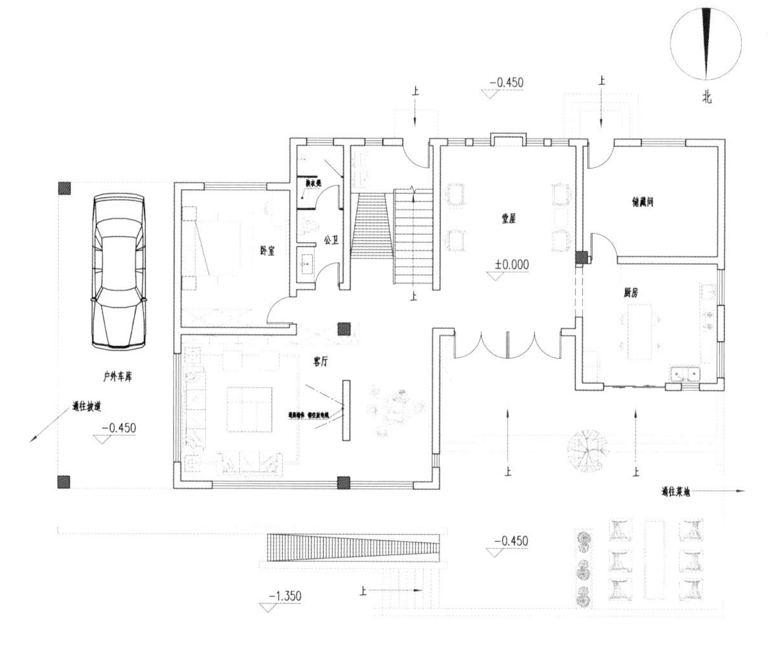

一层平面图

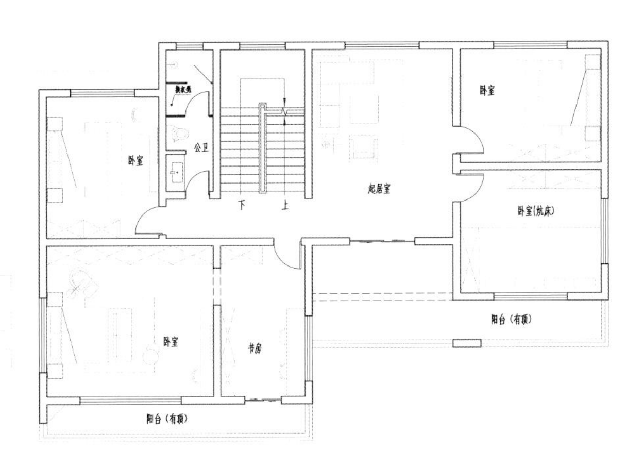
卧室
公卫
下
上
起居室
卧室
卧室(炕床)
卧室
书房
阳台（有顶）
阳台（有顶）

二层平面图

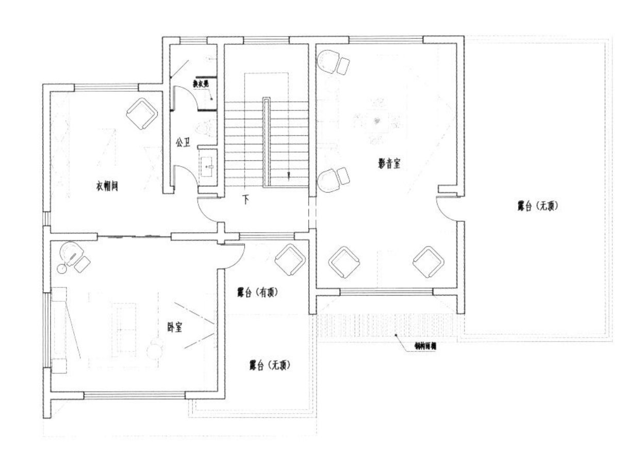
公卫
衣帽间
下
影音室
露台（无顶）
露台（有顶）
卧室
露台（无顶）

三层平面图

浙江衢州张家现代别墅

土建造价：54.60 万元

建筑面积：300.00 m^2

占地面积：117.00 m^2

面　　宽：17.60 m

进　　深：13.10 m

开间数量：3 开间

建筑层数：3 层

结构形式：框架结构

建筑特征：有露台，平屋顶，有堂屋

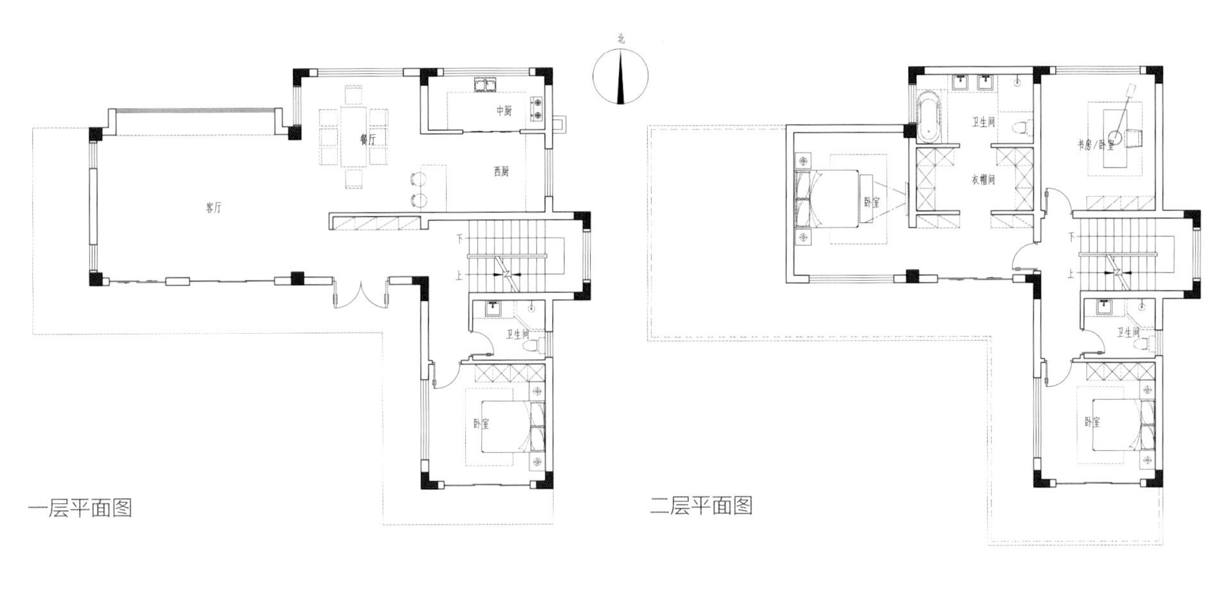

一层平面图

二层平面图

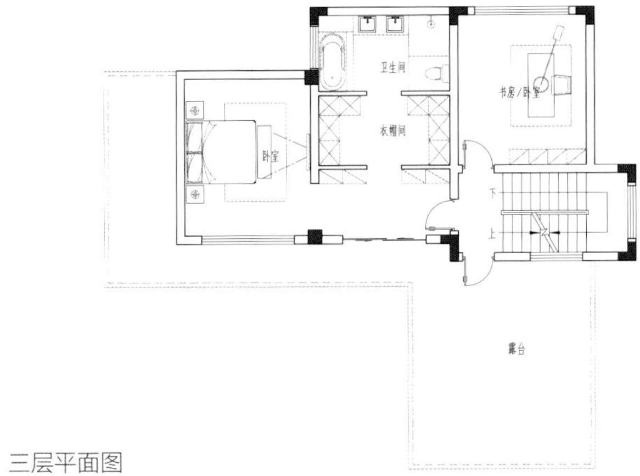

三层平面图

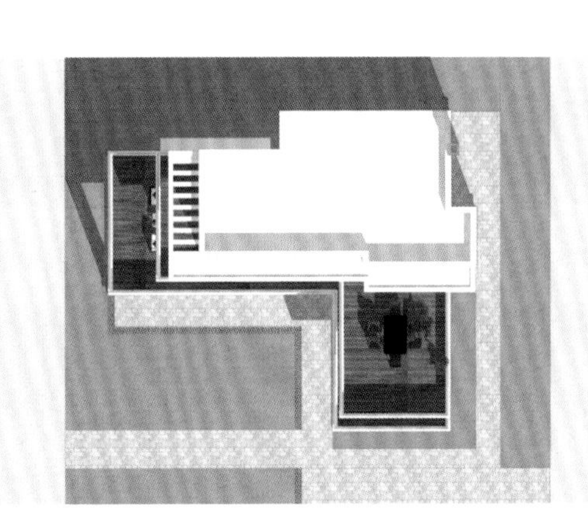

总平面图

南立面图

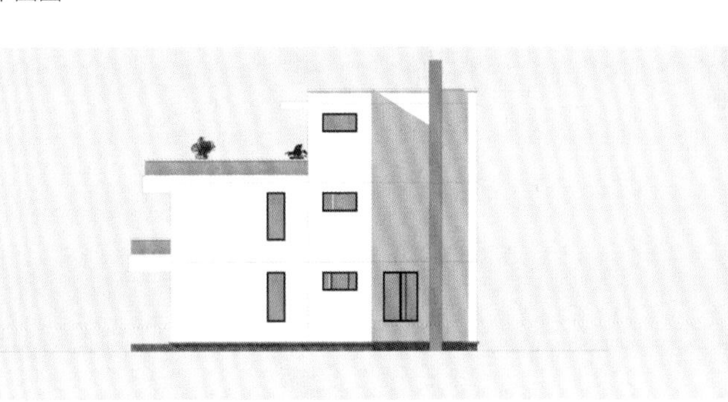

东立面图

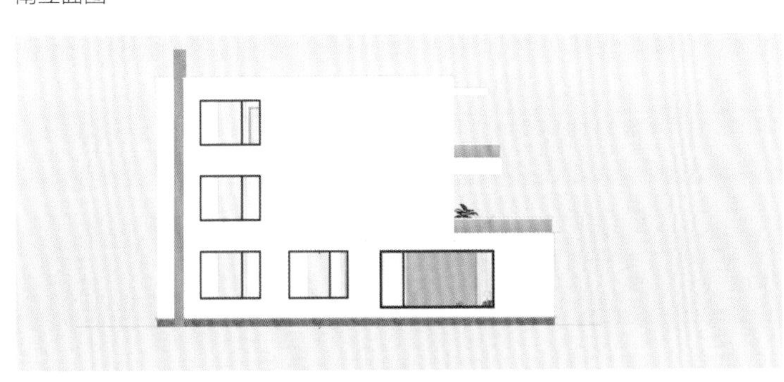

北立面图

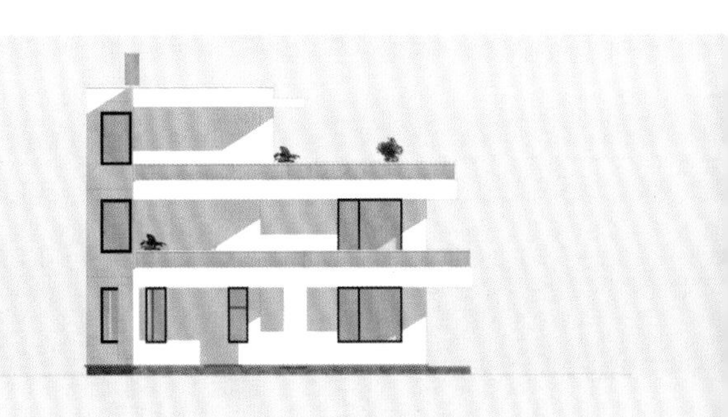

西立面图

湖南长沙谢家现代别墅

土建造价：96.40 万元

建筑面积：570.00 m^2

占地面积：96.40 m^2

面　　宽：14.60 m

进　　深：13.40 m

开间数量：3 开间

建筑层数：4 层

结构形式：框架结构

建筑特征：有车库，有露台，平屋顶，
有土灶，西楼梯

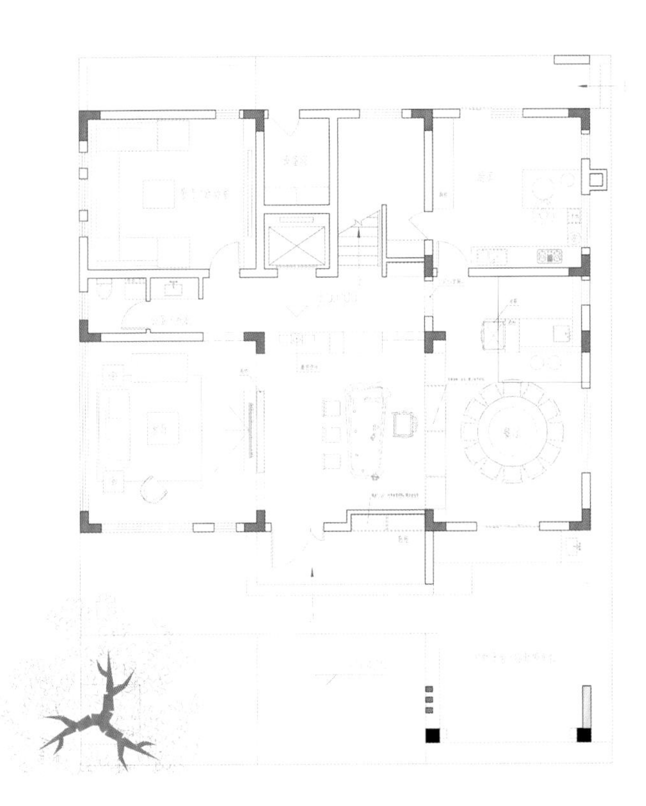

一层平面图

二层平面图

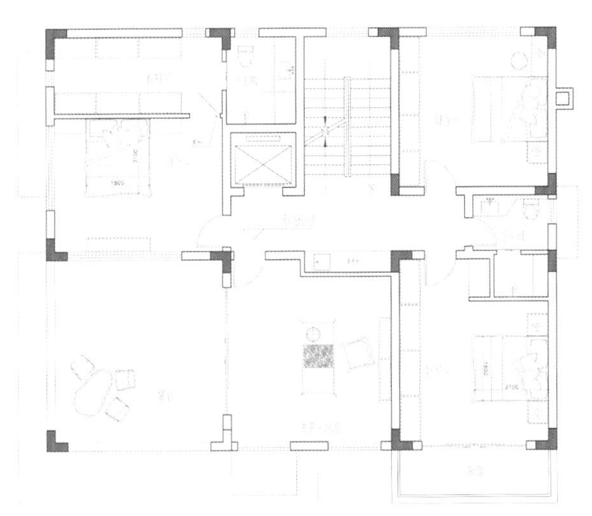

三层平面图

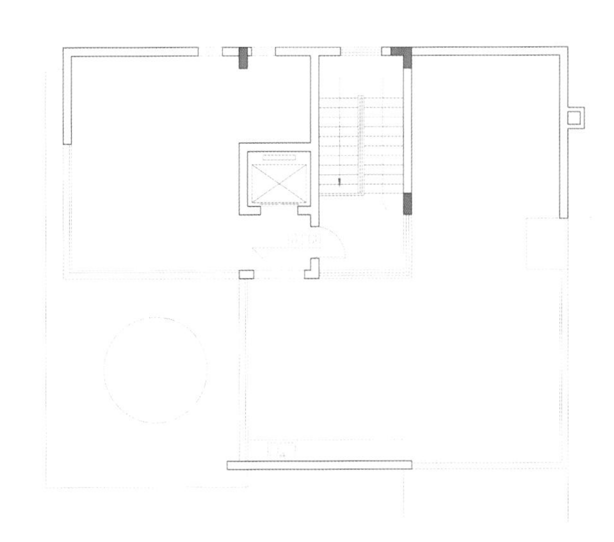

四层平面图

湖南益阳党家现代别墅

土建造价：56.50 万元

建筑面积：320.00 m^2

占地面积：179.00 m^2

面　　宽：20.90 m

进　　深：11.60 m

开间数量：4 开间

建筑层数：2 层

结构形式：框架结构

建筑特征：有露台，平屋顶，坡屋顶，带商铺，北楼梯

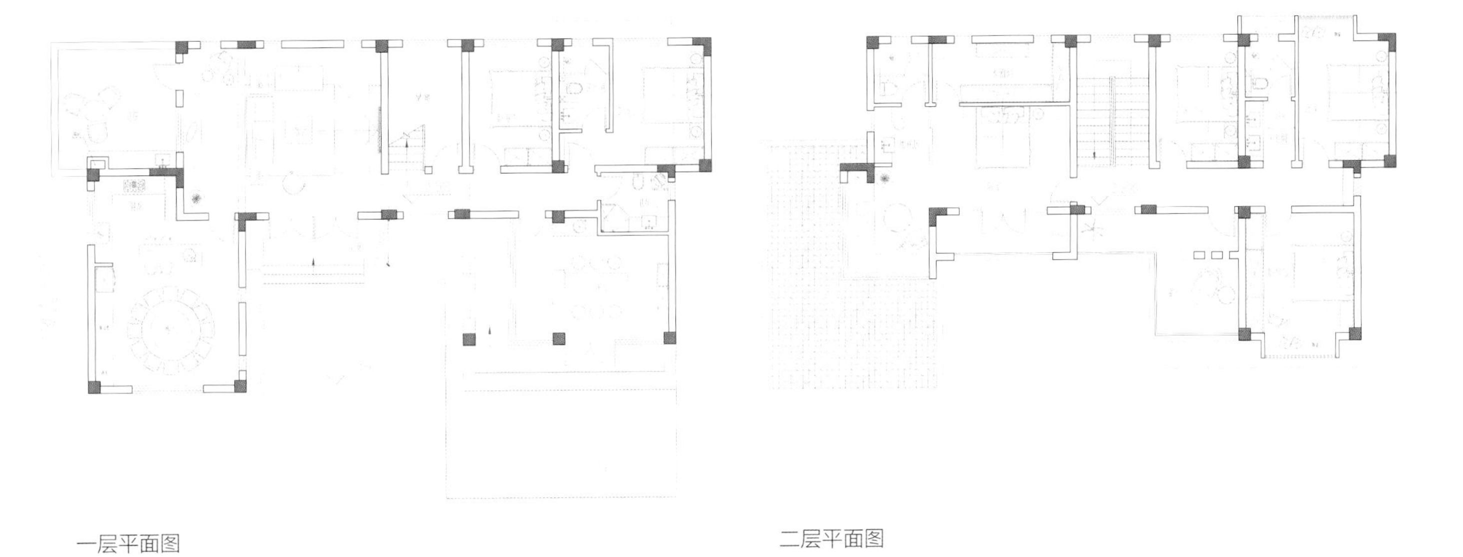

一层平面图

二层平面图

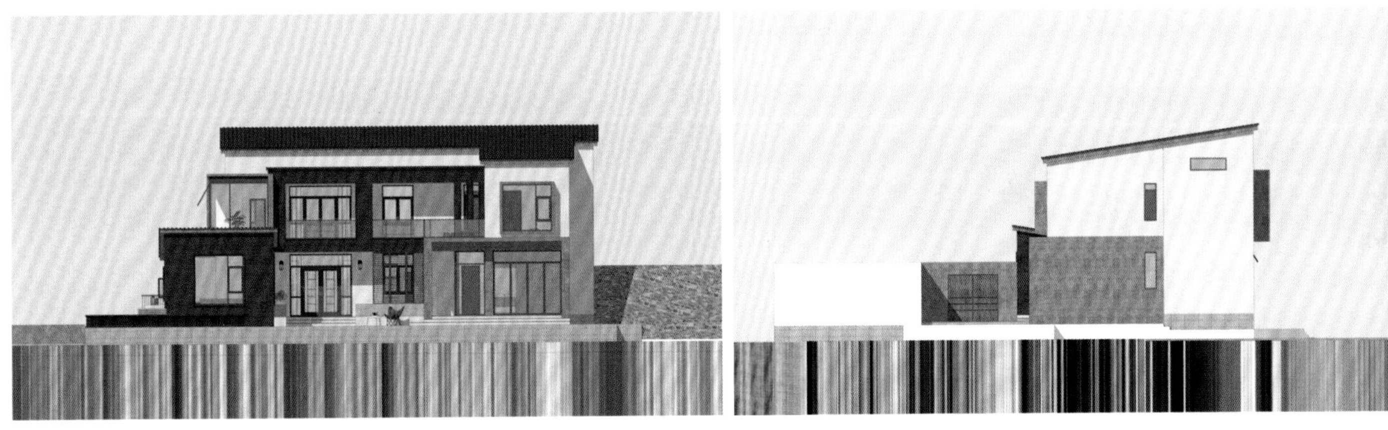

南立面图

东立面图

北立面图

西立面图

安徽六安董家现代别墅

土建造价：74.70 万元

建筑面积：278.00 m^2

占地面积：109.00 m^2

面　　宽：8.00 m

进　　深：18.50 m

开间数量：2 开间

建筑层数：2 层

结构形式：框架结构

建筑特征：带地下室，有露台，平屋顶，有庭院，有土灶，东楼梯

总平面图

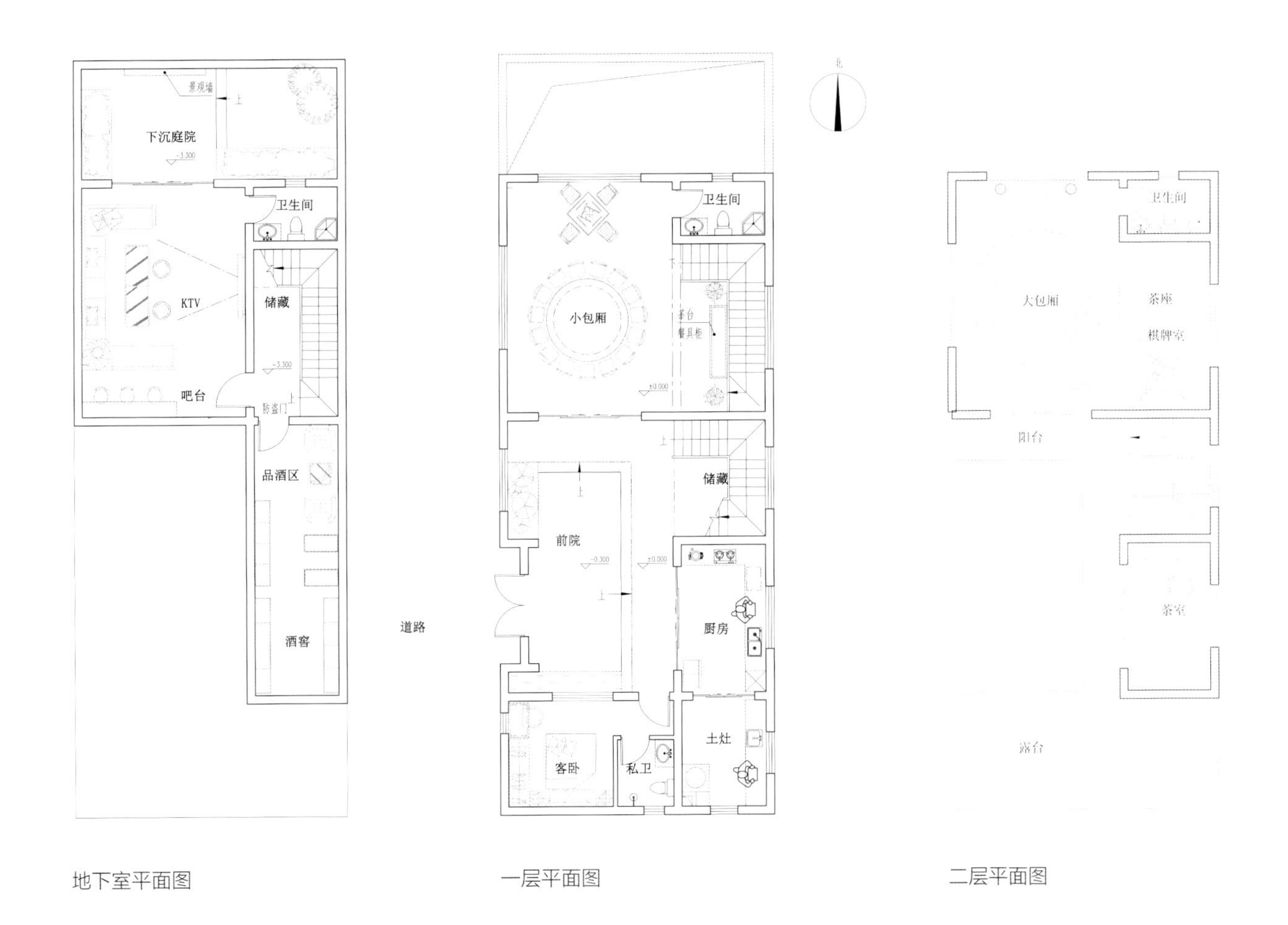

地下室平面图　　一层平面图　　二层平面图

南立面图

东立面图

北平面图

西立面图

河南巩义魏家现代别墅

土建造价：52.00 万元

建筑面积：287.00 m^2

占地面积：126.00 m^2

面　　宽：14.20 m

进　　深：10.40 m

开间数量：3 开间

建筑层数：3 层

结构形式：砖混结构

建筑特征：有露台，坡屋顶，有庭院，西楼梯

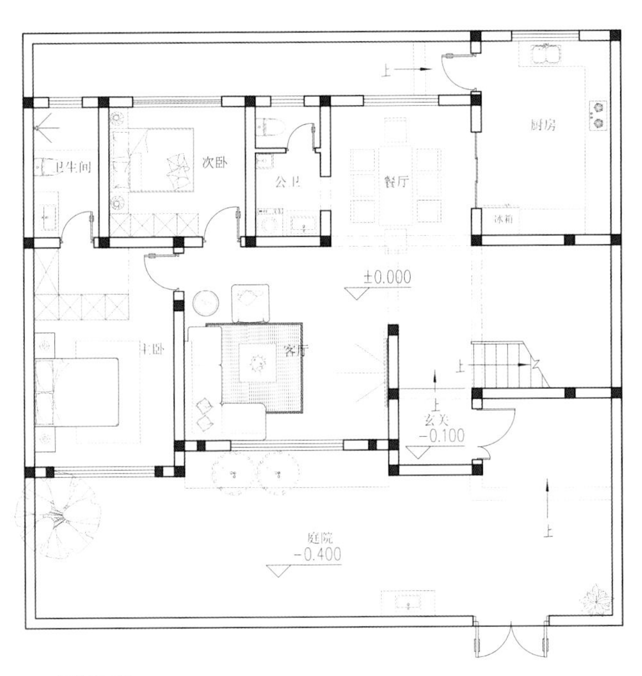

一层平面图

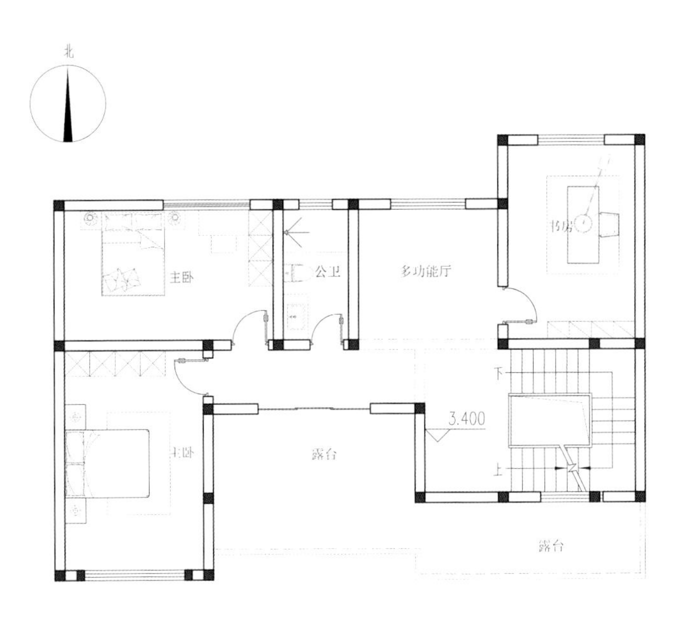

二层平面图

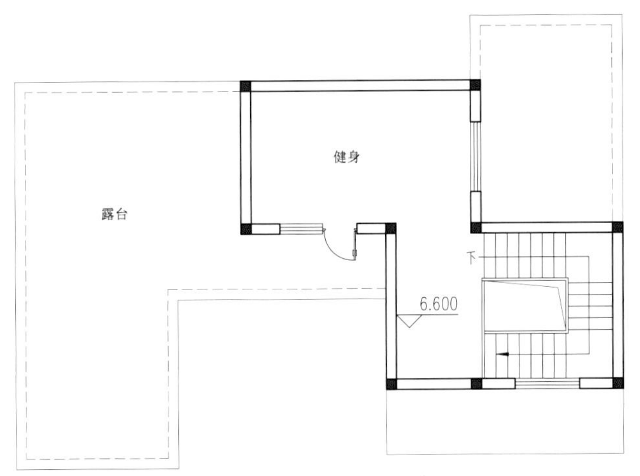

三层平面图

广西柳州范家三层现代别墅

土建造价：83.90 万元

建筑面积：438.00 m^2

占地面积：164.00 m^2

面　　宽：15.10 m

进　　深：11.30 m

开间数量：4 开间

建筑层数：3 层

结构形式：框架结构

建筑特征：有露台，平屋顶，北楼梯

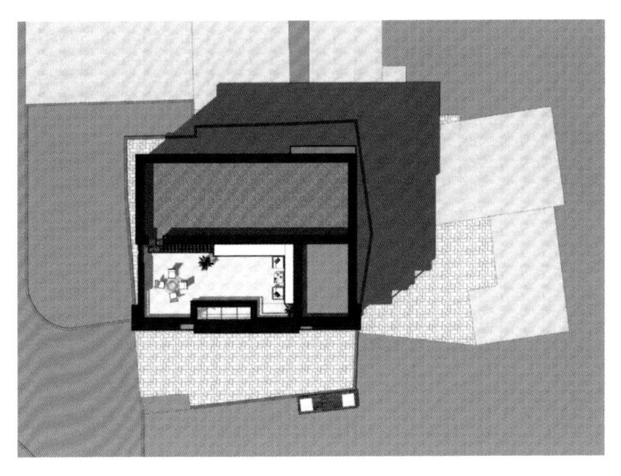

总平面图

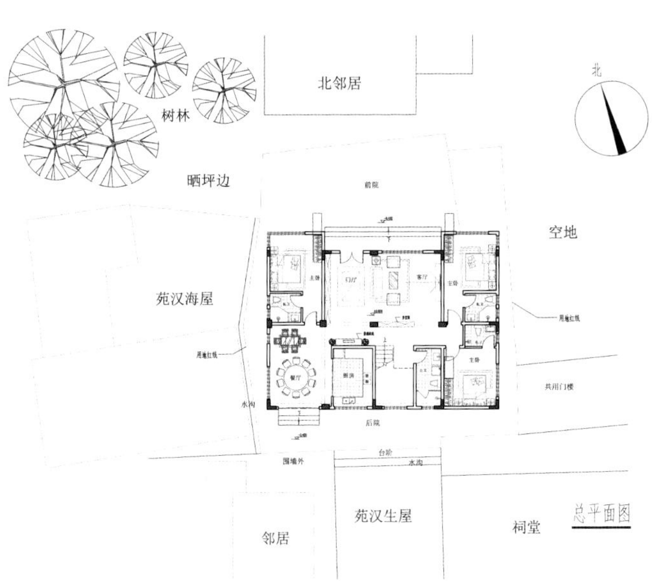
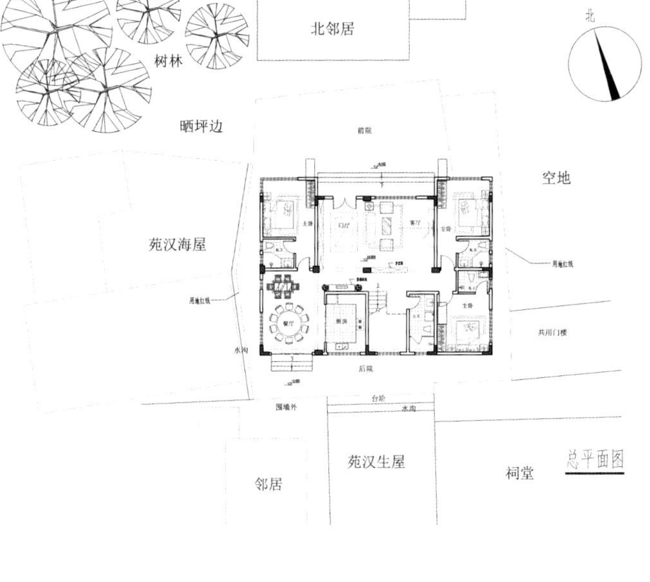

南立面图

东立面图

北立面图

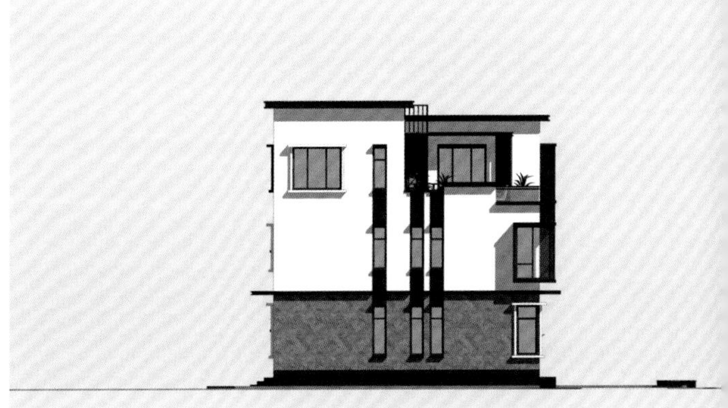

西立面图

北京顺义李家现代别墅

土建造价：69.00 万元

建筑面积：383.00 m^2

占地面积：200.00 m^2

面　　宽：15.90 m

进　　深：12.60 m

开间数量：3 开间

建筑层数：2 层

结构形式：框架结构

建筑特征：平屋顶，有庭院，北楼梯

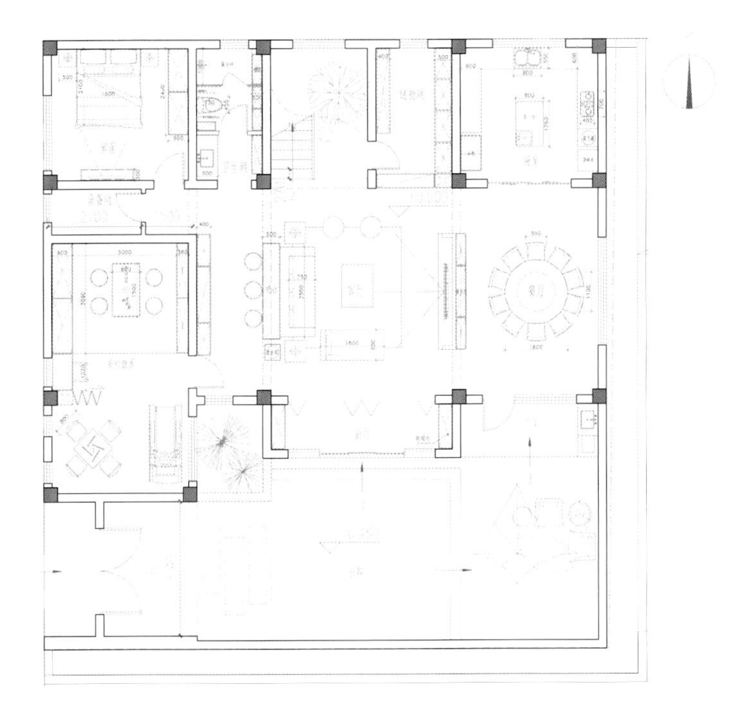

一层平面图

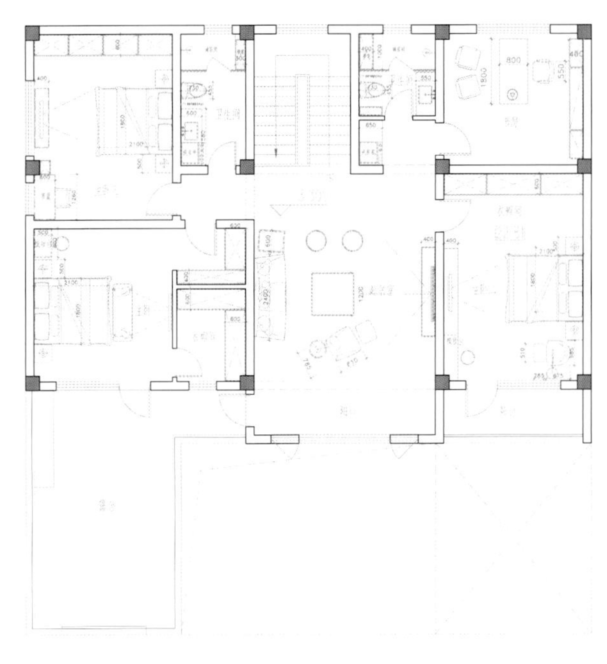

二层平面图

南立面图

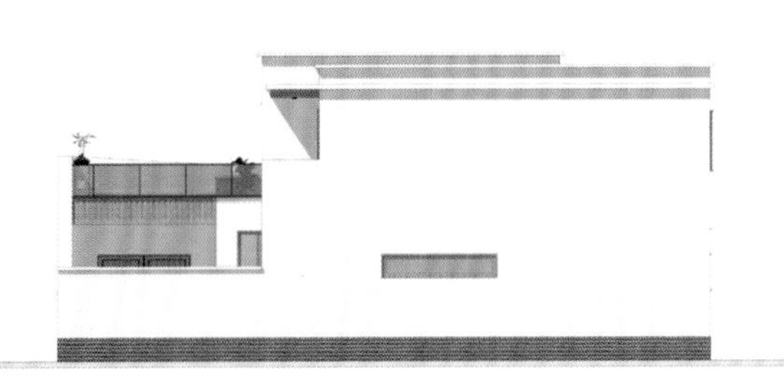

东立面图

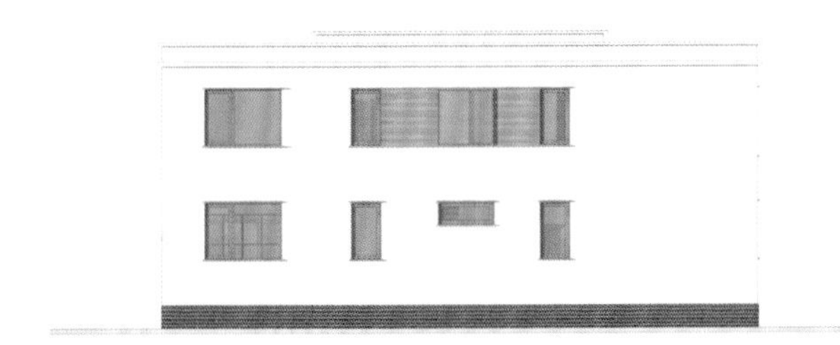

北立面图

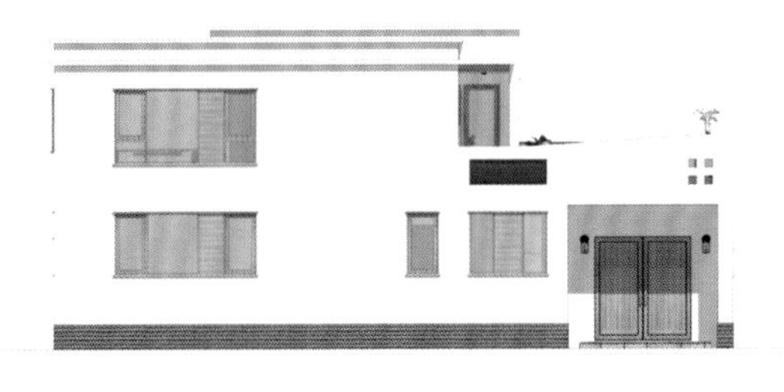

西立面图

河南平顶山宋家现代别墅

土建造价：49.00 万元
建筑面积：273.00 m^2
占地面积：166.00 m^2
面　　宽：15.90 m
进　　深：11.60 m
开间数量：4 开间
建筑层数：2 层
结构形式：框架结构
建筑特征：有露台，平屋顶，贴邻居，有庭院，北楼梯

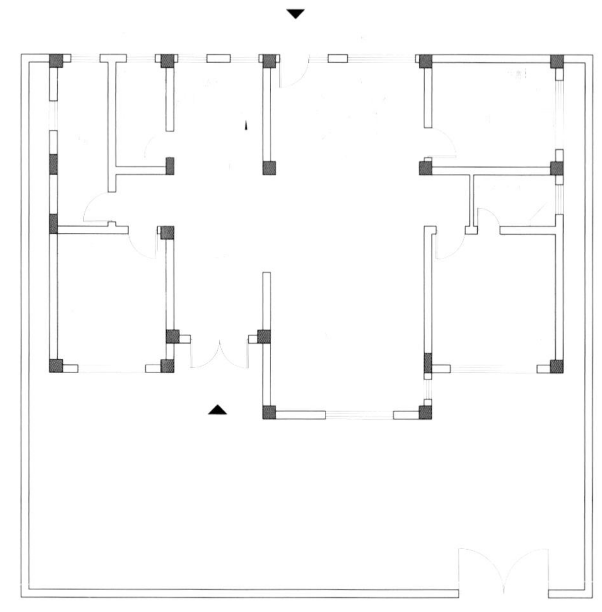

一层平面图

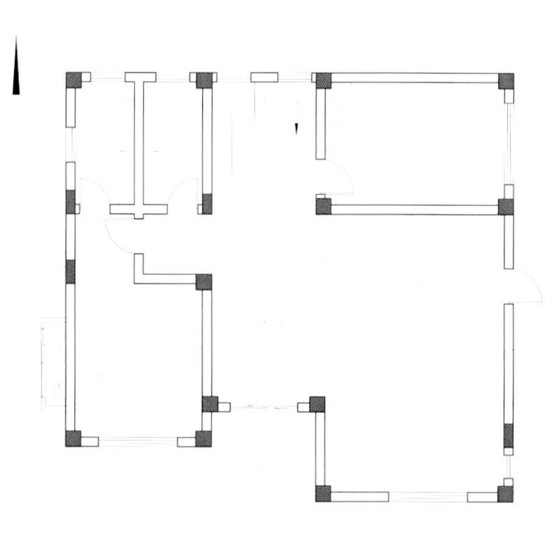

二层平面图

北京密云张家现代别墅

土建造价：56.00 万元

建筑面积：312.00 m^2

占地面积：149.00 m^2

面　　宽：16.60 m

进　　深：10.40 m

开间数量：3 开间

建筑层数：2 层

结构形式：砖混结构

建筑特征：平屋顶，有庭院，北楼梯

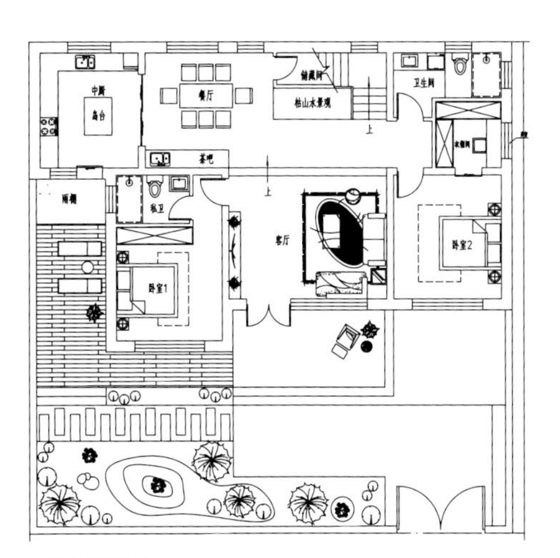

一层平面图

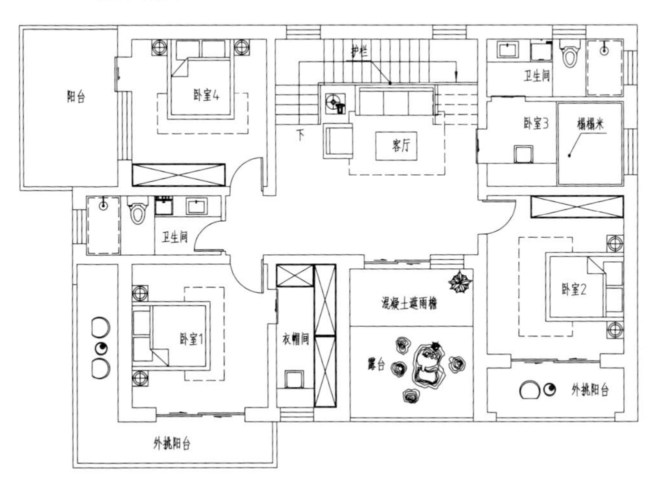

二层平面图

北京顺义王家现代别墅

土建造价：85.00 万元

建筑面积：501.00 m^2

占地面积：270.00 m^2

面　　宽：21.50 m

进　　深：13.00 m

开间数量：5 开间

建筑层数：2 层

结构形式：砖混结构

建筑特征：有露台，平屋顶，有庭院

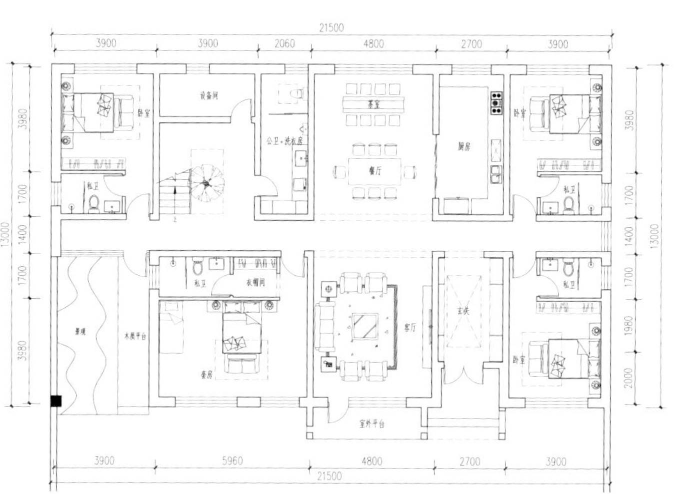

一层平面图

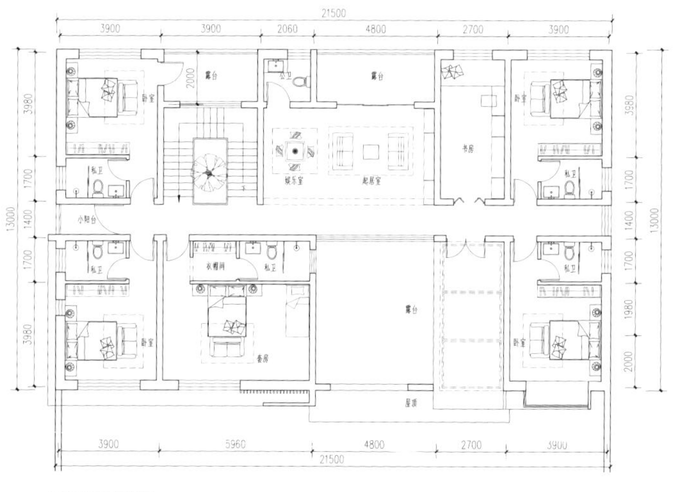

二层平面图

欧式简约风格

欧式简约风格就是经过改良的欧式古典主义风格，摒弃了繁杂，保留精益求精的追求，给人留下一种简约不简单的印象。一方面它很好地保留了材质、颜色的大致风格，另一方面它依然可以让人感受到历史痕迹和文化底蕴，同时又舍弃了复杂的装饰和肌理。

广东揭阳黄家欧式别墅

土建造价：49.00 万元

建筑面积：246.00 m^2

占地面积：147.20 m^2

面　　宽：13.90 m

进　　深：11.70 m

开间数量：4 开间

建筑层数：2 层

结构形式：砖混结构

建筑特征：有露台，坡屋顶

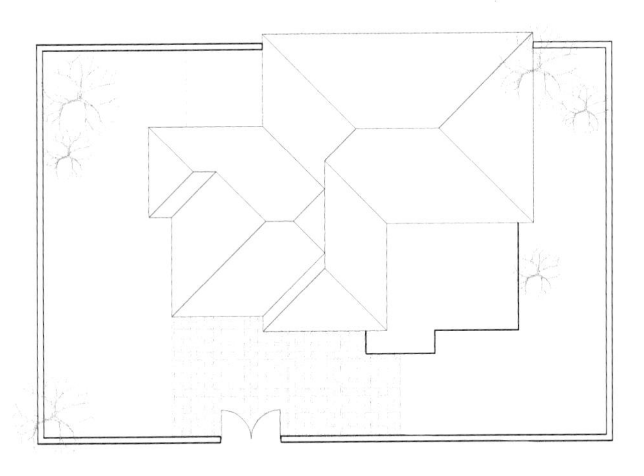

总平面图

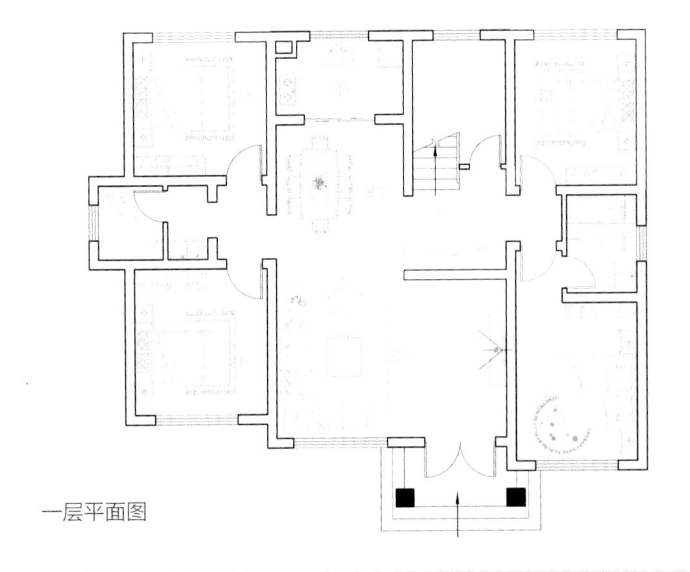

一层平面图

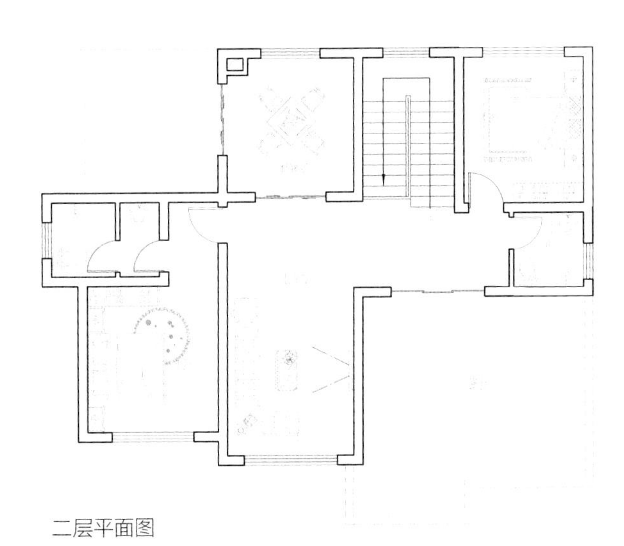

二层平面图

南立面图

东立面图

北立面图

西立面图

北京顺义王家欧式别墅

土建造价：52.00 万元

建筑面积：276.87 m^2

占地面积：148.00 m^2

面　　宽：15.00 m

进　　深：10.50 m

开间数量：3 开间

建筑层数：2 层

结构形式：砖混结构

建筑特征：有露台，坡屋顶

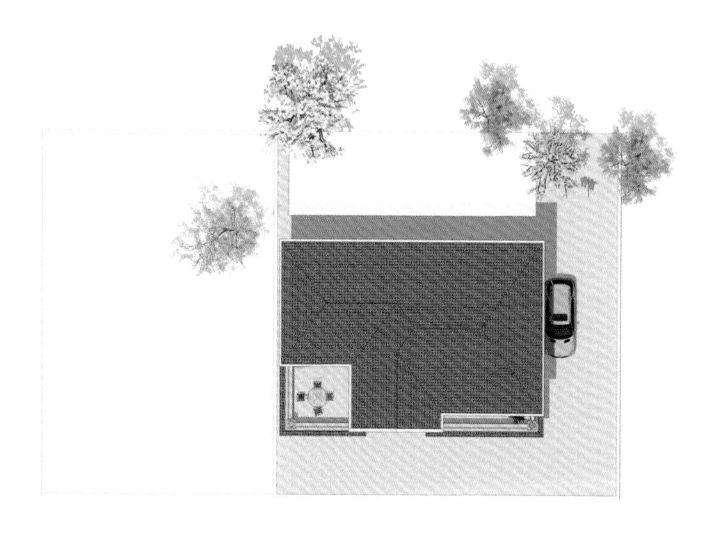

总平面图

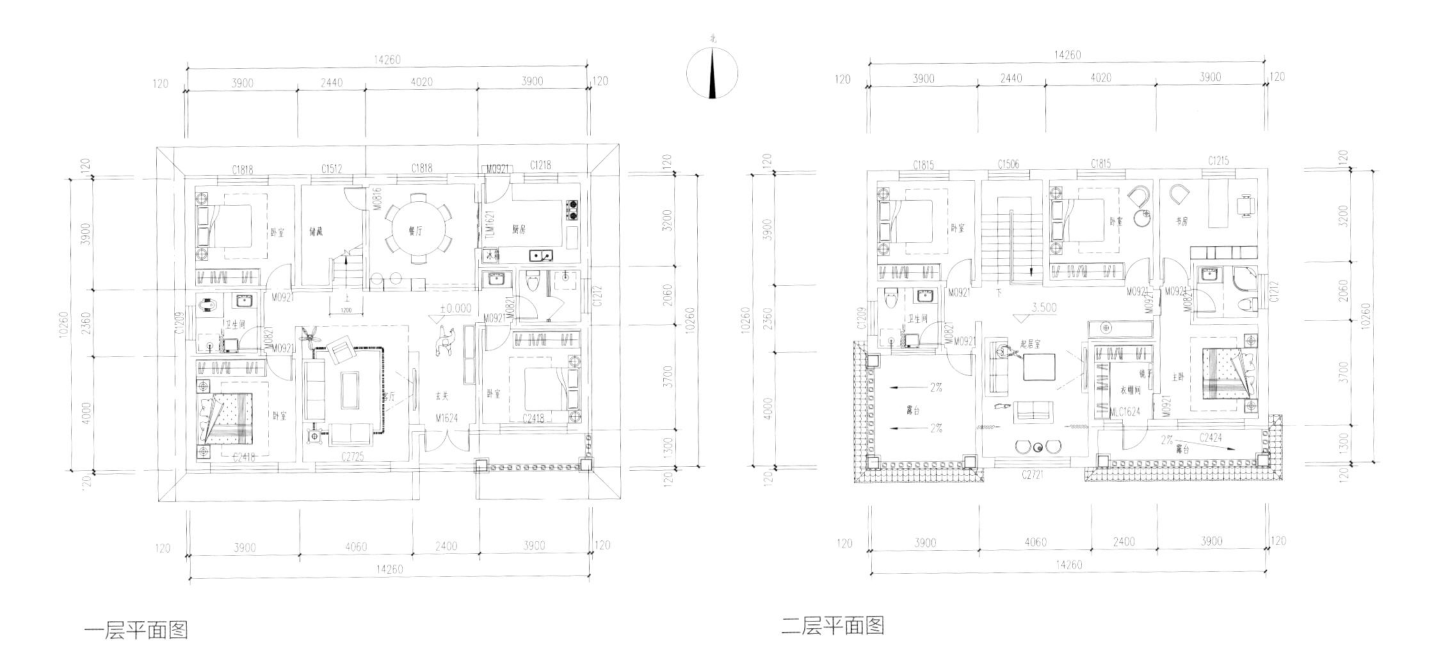

一层平面图

二层平面图

南立面图

东立面图

北立面图

西立面图

湖北襄阳施家欧式别墅

土建造价：50.00 万元

建筑面积：283.00 m²

占地面积：160.00 m²

面　　宽：14.00 m

进　　深：19.00 m

开间数量：3 开间

建筑层数：2 层

结构形式：砖混结构

建筑特征：有露台，坡屋顶，贴邻居，有庭院，北楼梯

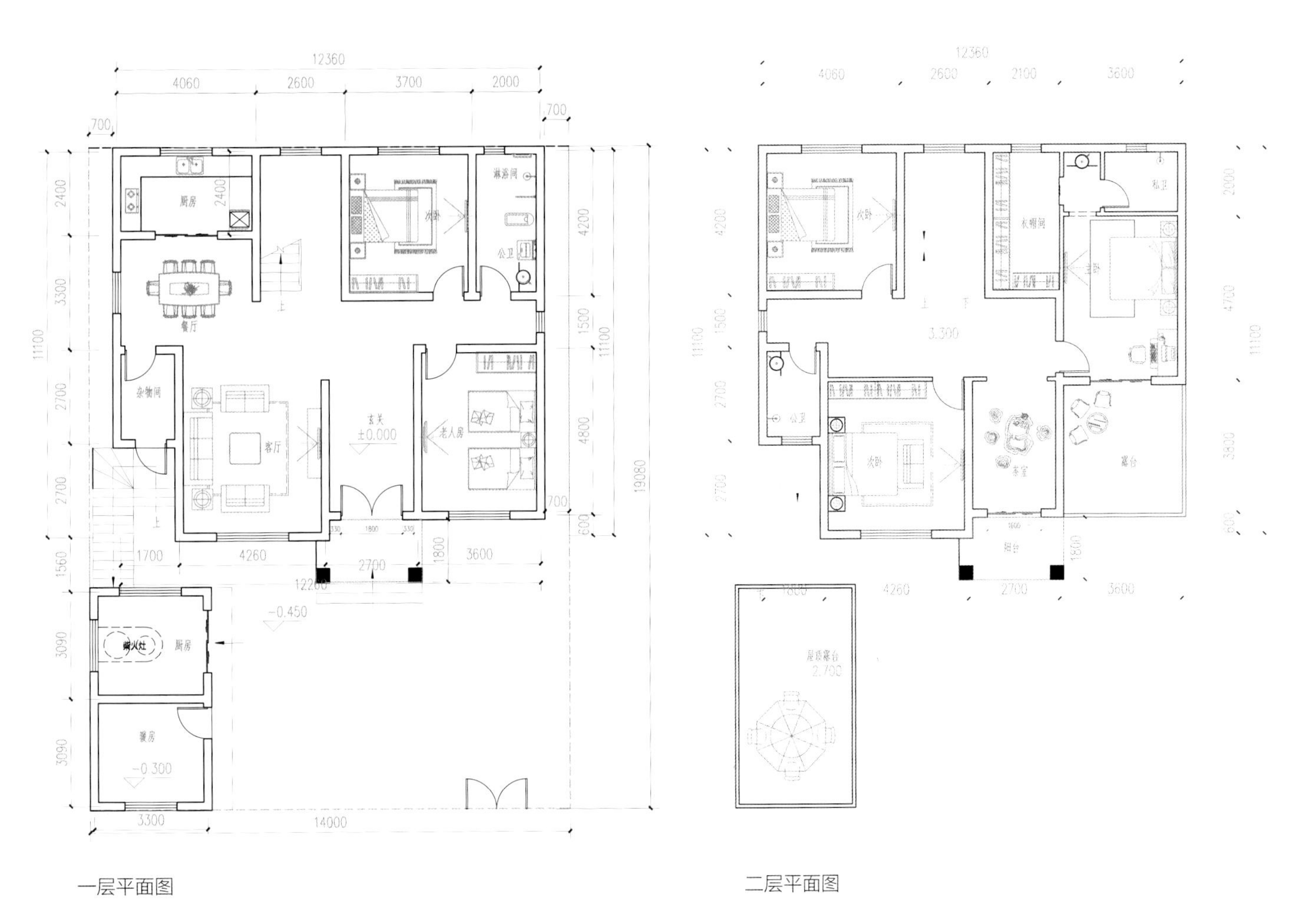

一层平面图

二层平面图

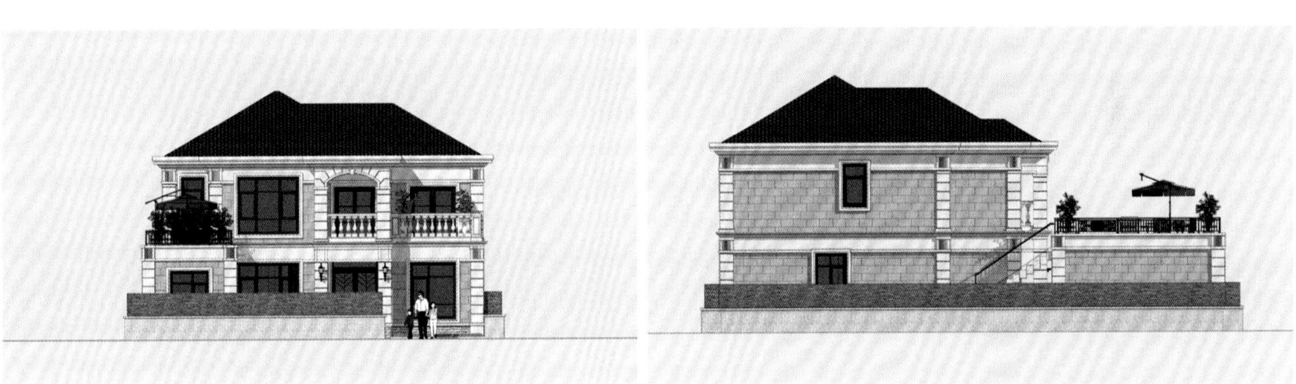

南立面图

东立面图

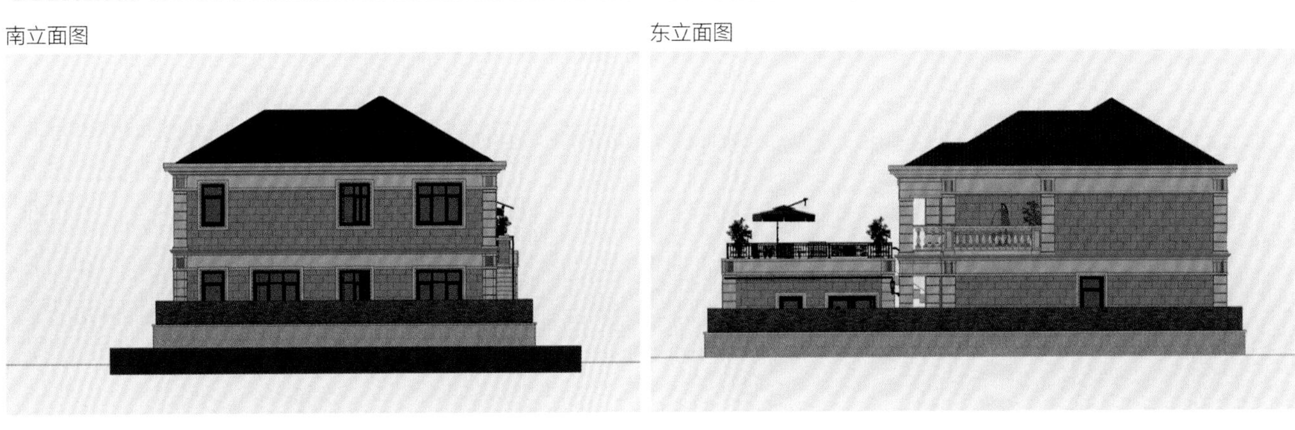

北立面图

西立面图

湖南衡阳欧家欧式别墅

土建造价：78.60 万元

建筑面积：418.00 m^2

占地面积：150.00 m^2

面　　宽：12.50 m

进　　深：13.70 m

开间数量：3 开间

建筑层数：2 层

结构形式：砖混结构

建筑特征：坡屋顶，有堂屋，有庭院

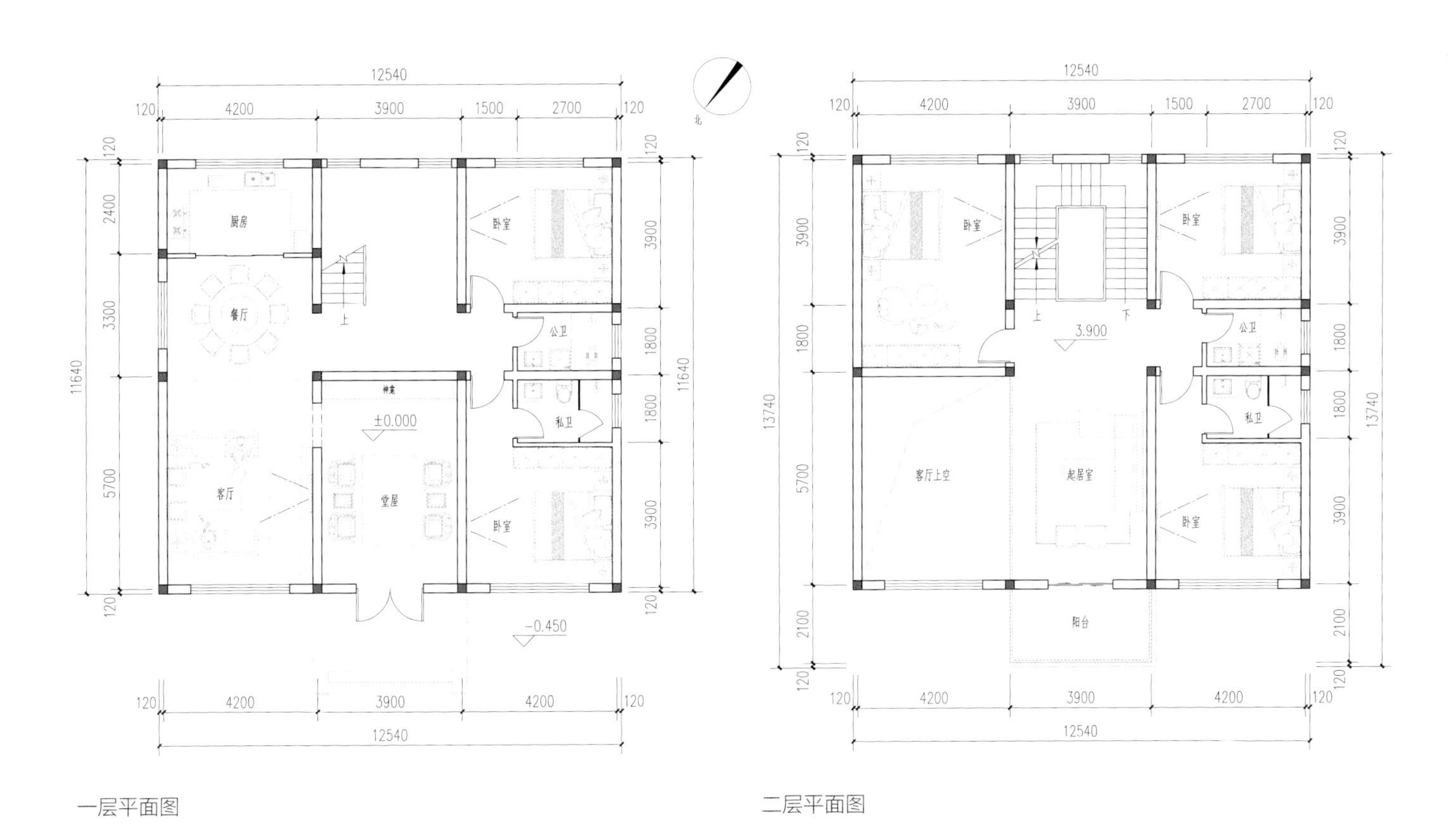

12540
120
4200
3900
1500
2700
厨房
餐厅
客厅
堂屋
卧室
公卫
私卫
±0.000
-0.450
11640
北
客厅上空
起居室
阳台
3.900
13740

一层平面图

二层平面图

河南周口朱家欧式别墅

土建造价：71.00 万元

建筑面积：383.00 m^2

占地面积：148.00 m^2

面　　宽：12.80 m

进　　深：11.40 m

开间数量：3 开间

建筑层数：3 层

结构形式：框架结构

建筑特征：有露台，坡屋顶，贴邻居，有庭院

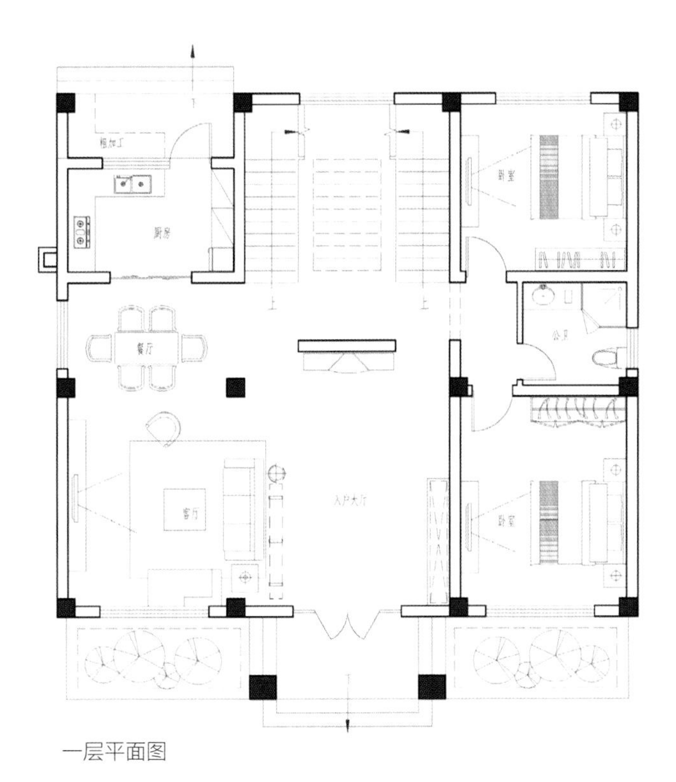

一层平面图

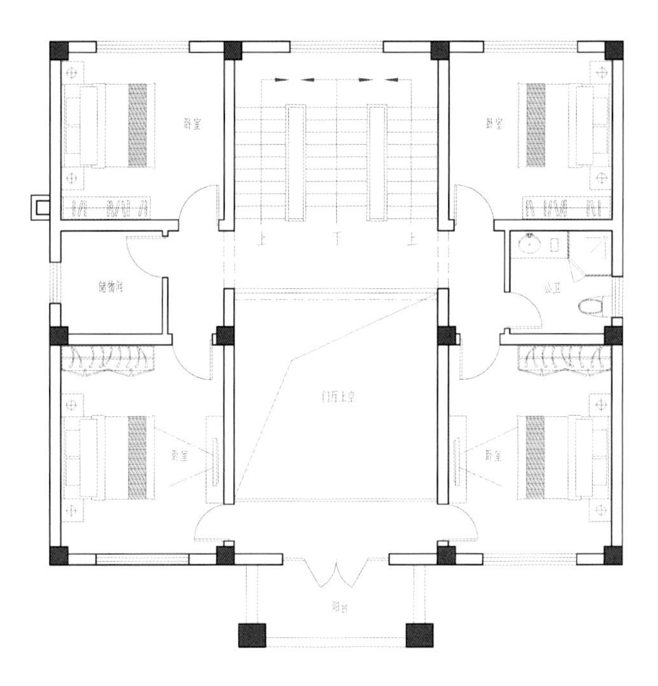

二层平面图

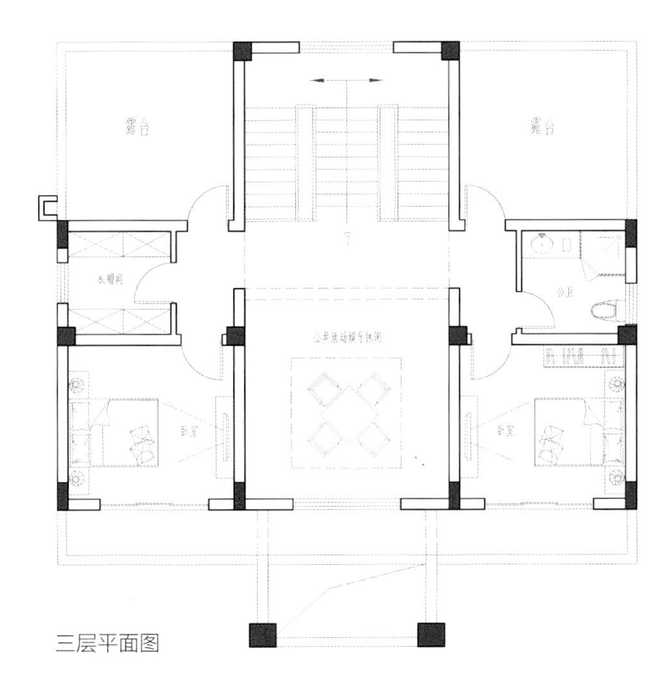

三层平面图

湖北黄石袁家欧式别墅

土建造价：62.00 万元

建筑面积：317.00 m²

占地面积：115.00 m²

面　　宽：11.30 m

进　　深：9.80 m

开间数量：3 开间

建筑层数：3 层

结构形式：框架结构

建筑特征：有露台，坡屋顶

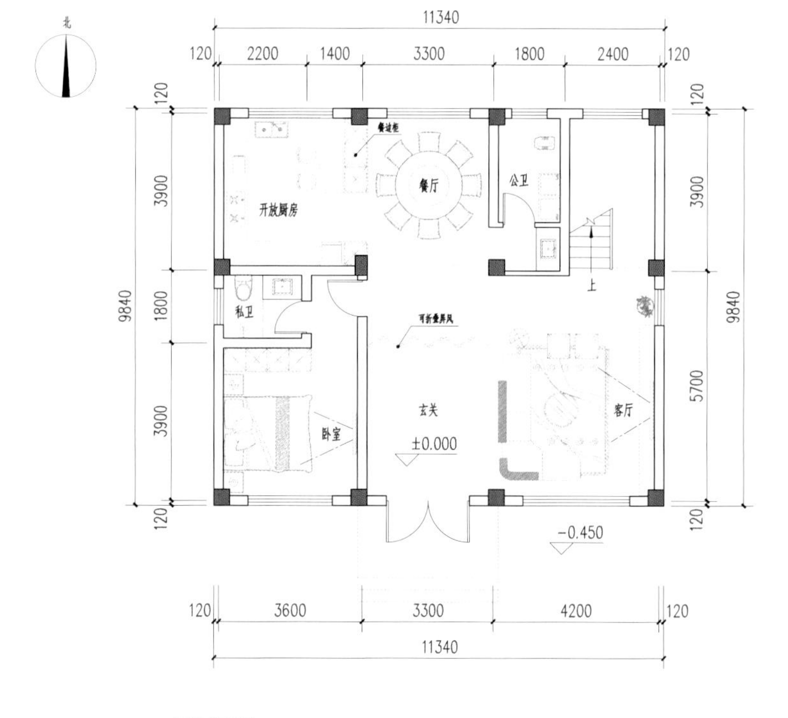

一层平面图

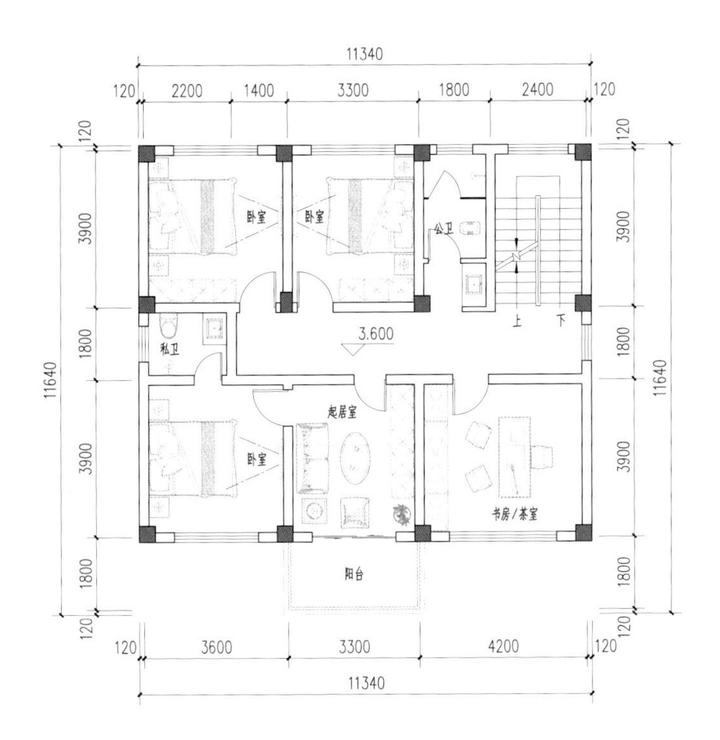
11340
120 2200 1400 3300 1800 2400 120
卧室
卧室
公卫
上
下
3.600
私卫
起居室
卧室
书房/茶室
阳台
120 3600 3300 4200 120
11340
11640
120
3900
1800
3900
1800
120

二层平面图

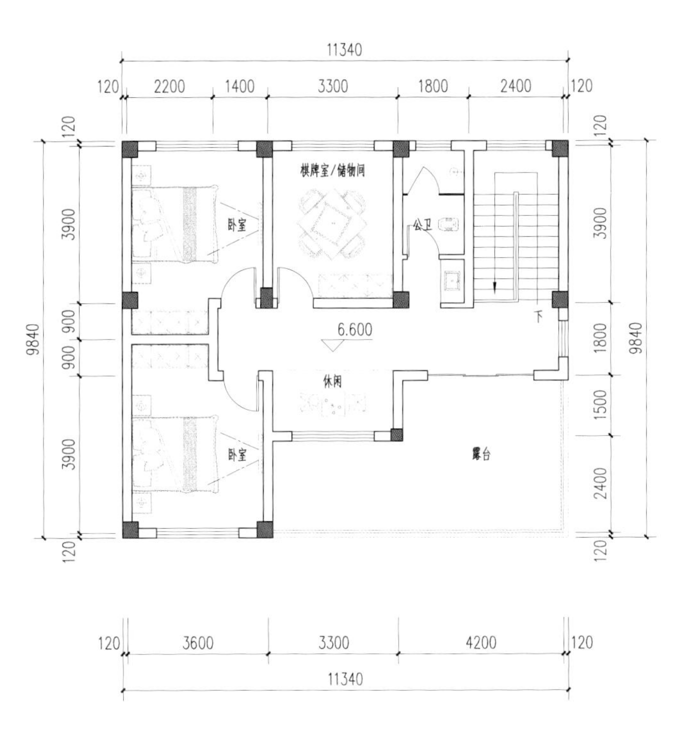
11340
120 2200 1400 3300 1800 2400 120
卧室
棋牌室/储物间
公卫
下
6.600
休闲
卧室
露台
120 3600 3300 4200 120
11340
9840
120
3900
900
900
1800
1500
3900
2400
120

三层平面图

河北沧州张家欧式别墅

土建造价：65.00 万元

建筑面积：324.00 m^2

占地面积：169.00 m^2

面　　宽：15.10 m

进　　深：12.50 m

开间数量：4 开间

建筑层数：2 层

结构形式：砖混结构

建筑特征：有露台，坡屋顶

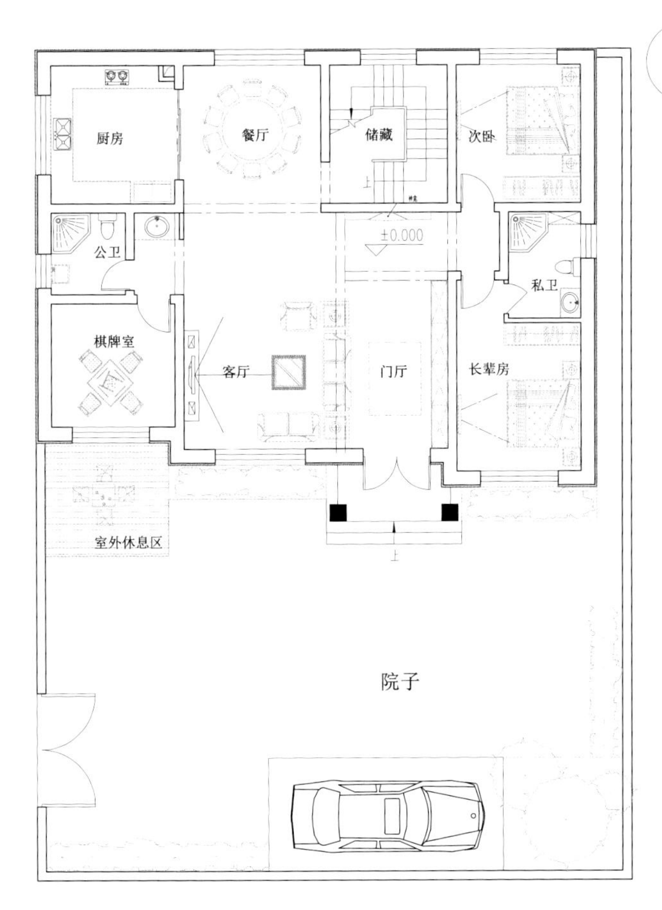

一层平面图

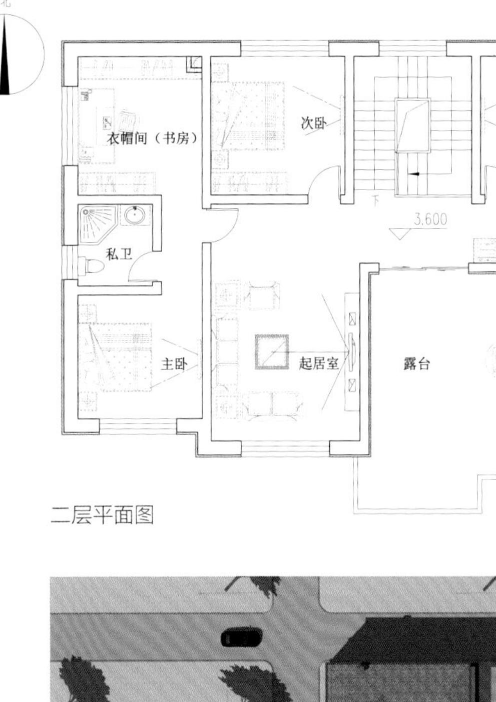

二层平面图

总平面图

南立面图

东立面图

北立面图

西立面图

湖南衡阳周家欧式别墅

土建造价：98.00 万元

建筑面积：538.00 m^2

占地面积：190.00 m^2

面　　宽：13.90 m

进　　深：16.10 m

开间数量：3 开间

建筑层数：3 层

结构形式：框架结构

建筑特征：有露台，坡屋顶，贴邻居，

跃层，有庭院，北入口，西楼梯

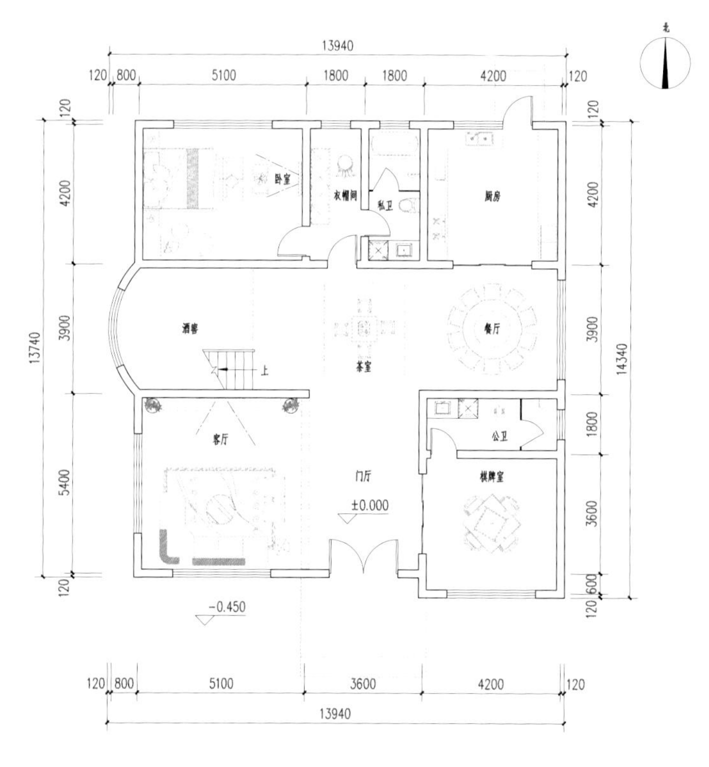

一层平面图

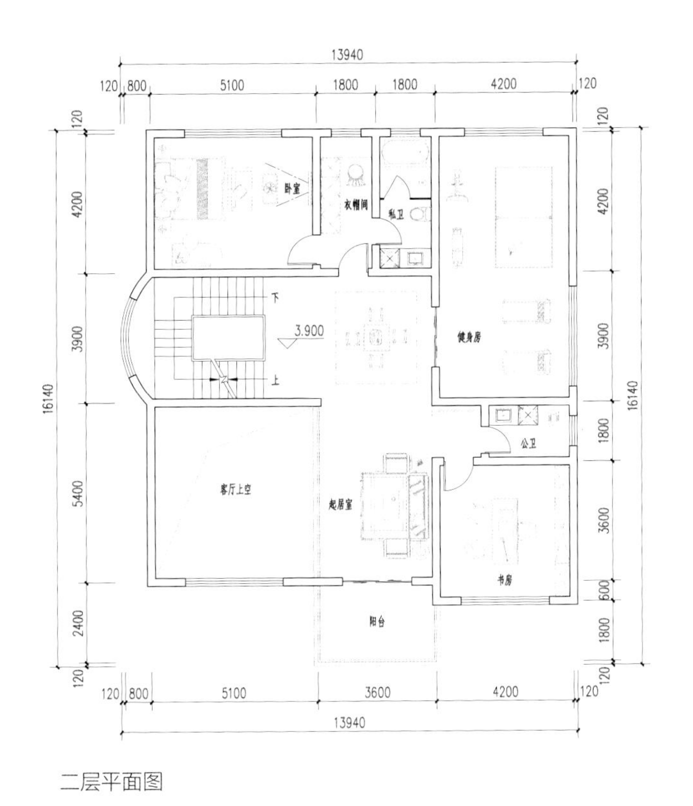

二层平面图

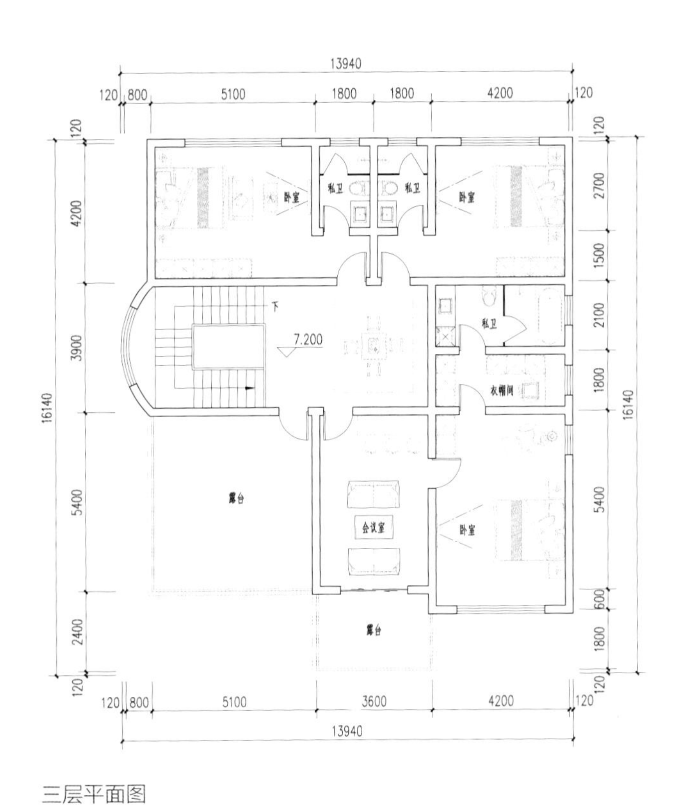

三层平面图

南立面图

东立面图

北立面图

西立面图

江苏常州周家欧式乡墅

土建造价：65.00 万元　　面　　宽：12.00 m　　建筑层数：2 层

建筑面积：383.00 m^2　　进　　深：14.00 m　　结构形式：其他

占地面积：168.00 m^2　　开间数量：3 开间　　建筑特征：坡屋顶，贴邻居，有庭院，北楼梯

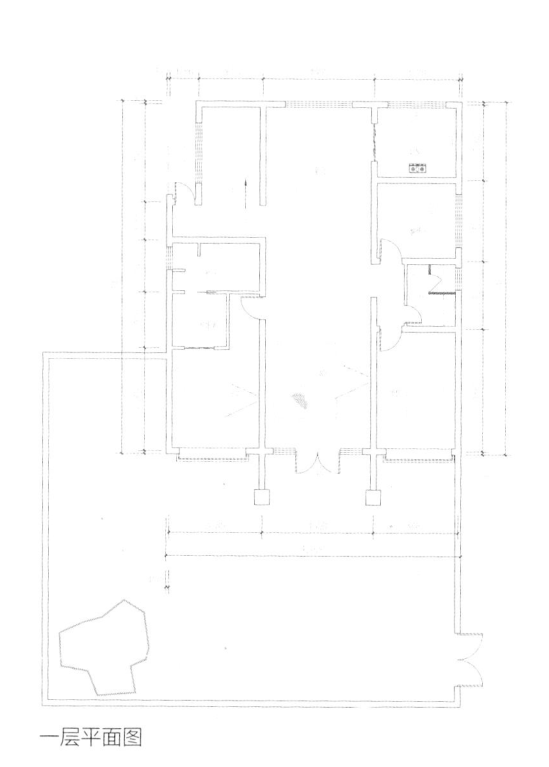

一层平面图

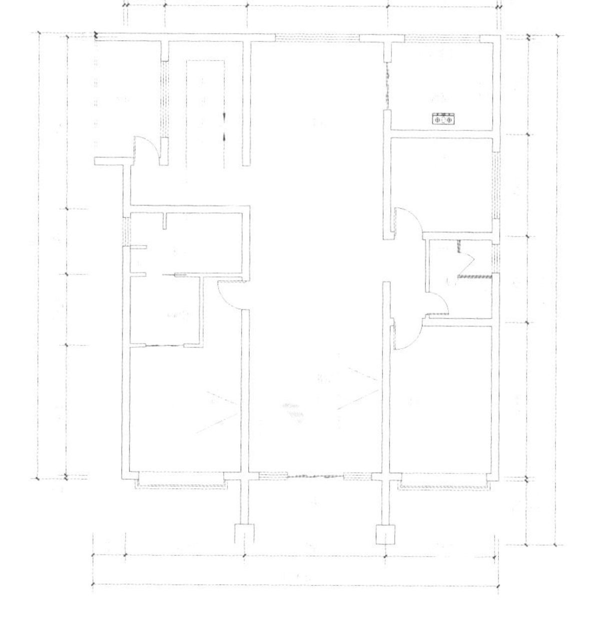

二层平面图

北京顺义张家欧式别墅

土建造价：65.60 万元　　面　　宽：12.50 m　　建筑层数：2 层

建筑面积：286.85 m^2　　进　　深：12.27 m　　结构形式：砖混结构

占地面积：148.76 m^2　　开间数量：3 开间　　建筑特征：有露台，坡屋顶，有庭院

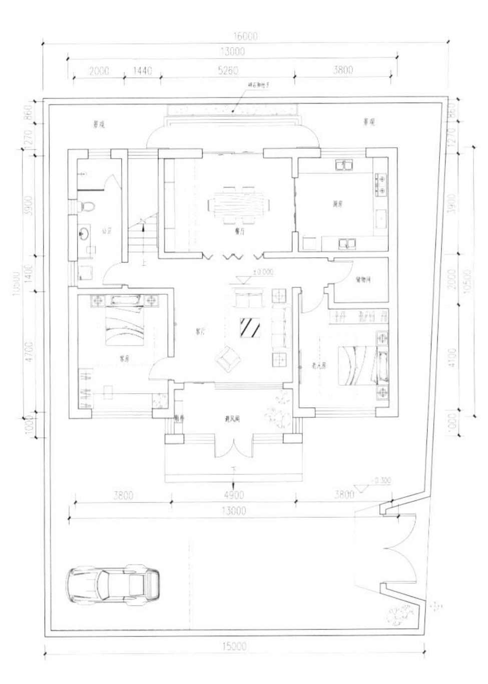

一层平面图

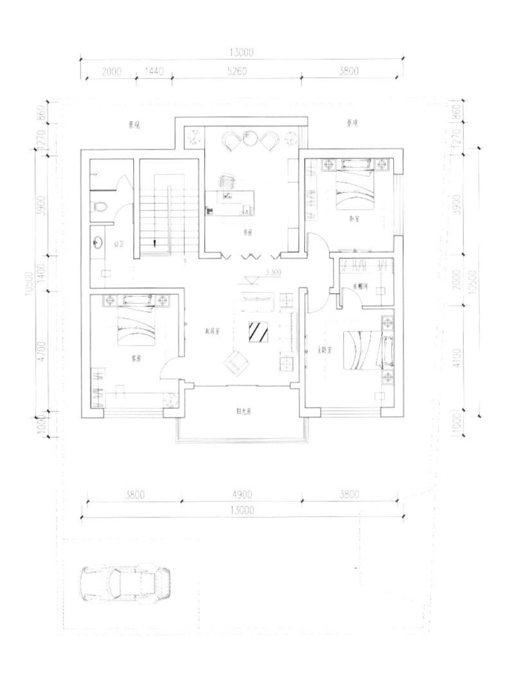

二层平面图

湖北襄阳陈家欧式别墅

土建造价：62.00 万元

建筑面积：356.00 m^2

占地面积：144.00 m^2

面　　宽：12.00 m

进　　深：12.00 m

开间数量：3 开间

建筑层数：3 层

结构形式：砖混结构

建筑特征：有车库，有露台，坡屋顶，有庭院，北楼梯

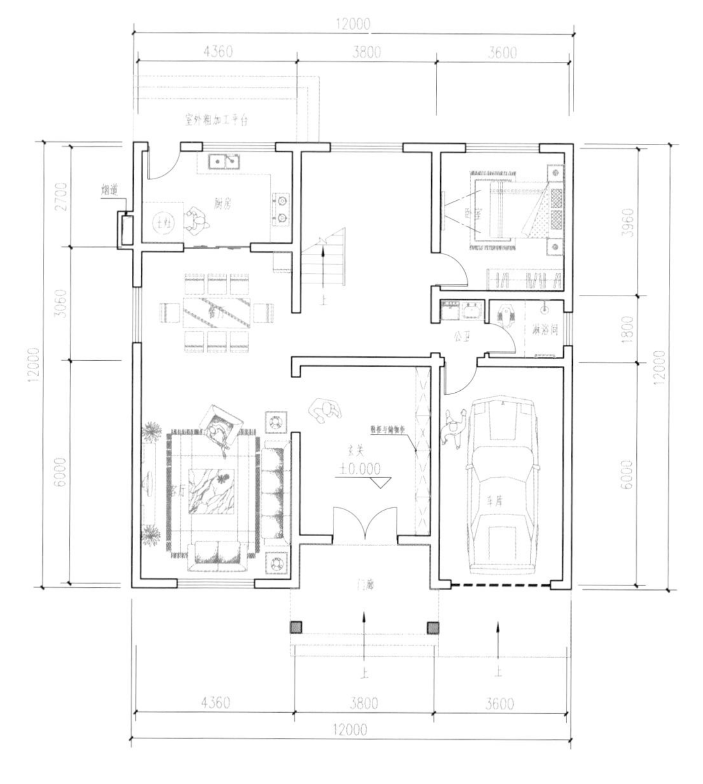

一层平面图

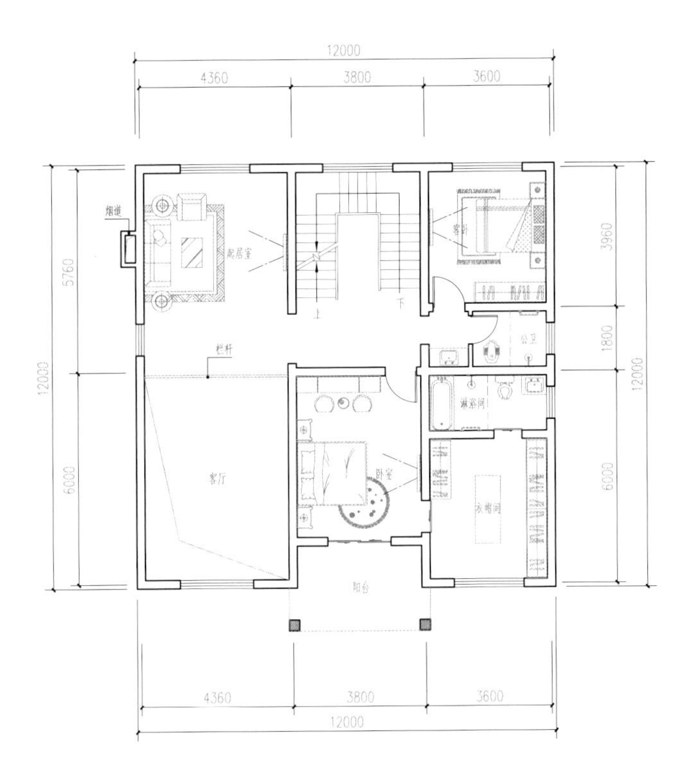

二层平面图

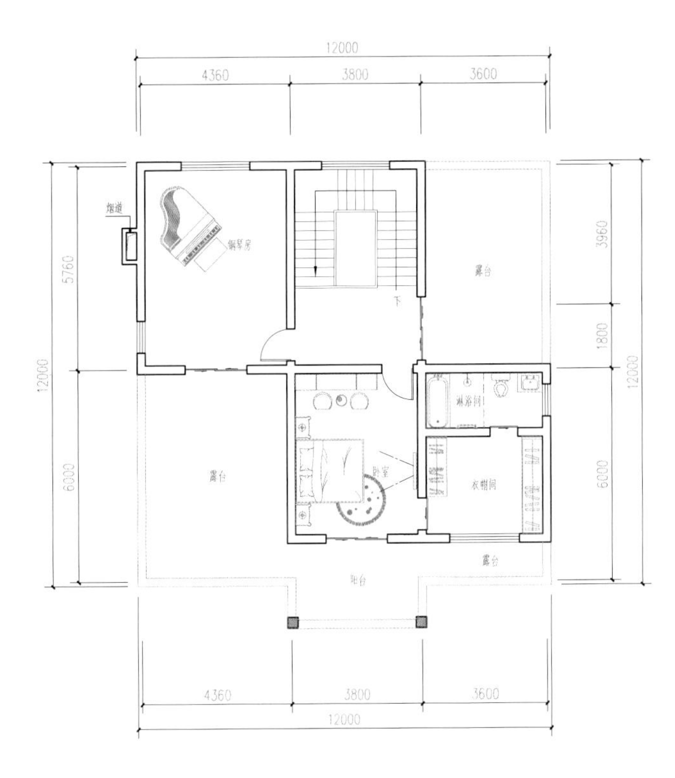

三层平面图

南立面图

北立面图

东立面图

西立面图

四川成都陶家欧式别墅

土建造价：74.90 万元

建筑面积：416.00 m^2

占地面积：149.00 m^2

面　　宽：17.30 m

进　　深：10.00 m

开间数量：4 开间

建筑层数：3 层

结构形式：砖混结构

建筑特征：有露台，坡屋顶，贴邻居，东楼梯

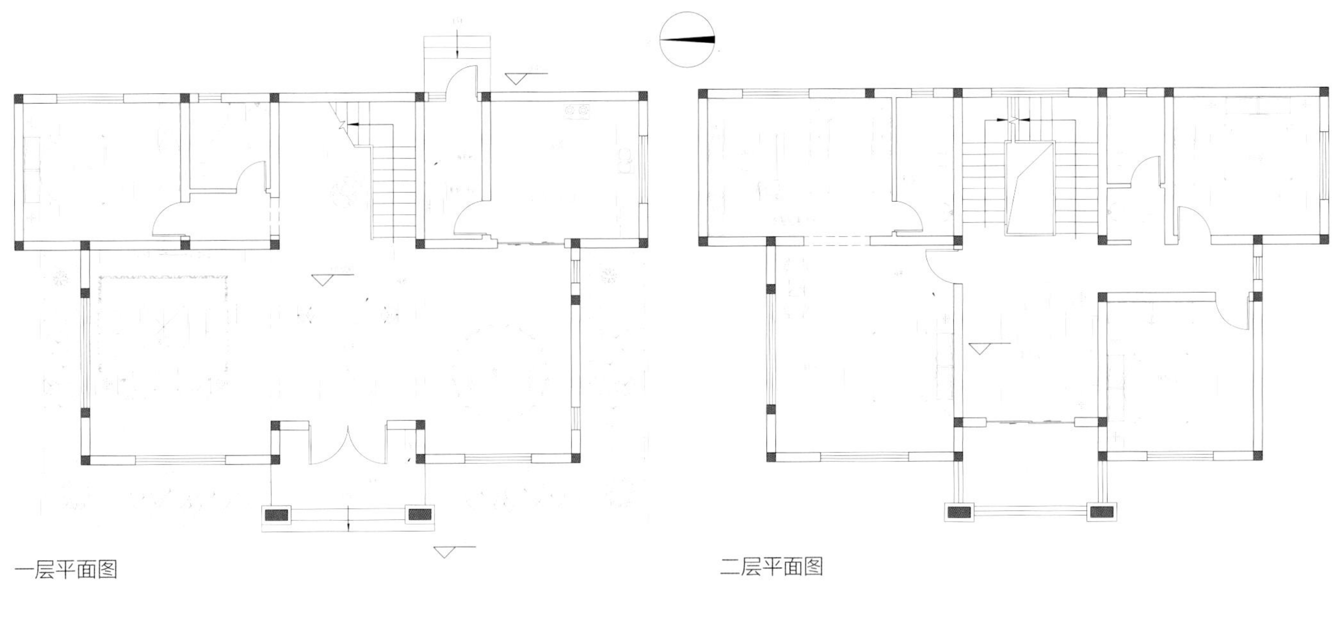

一层平面图

二层平面图

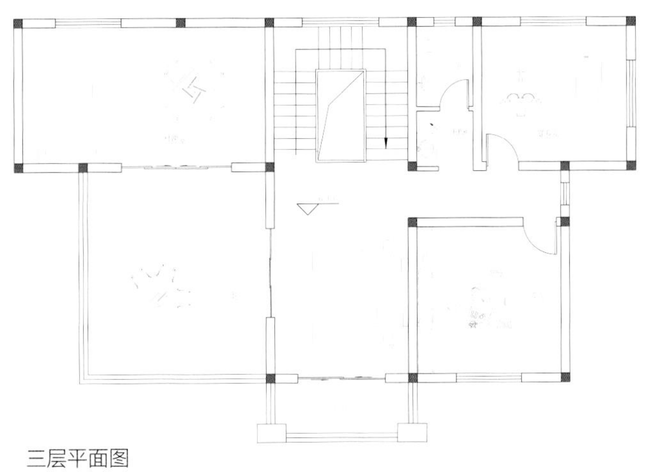

三层平面图

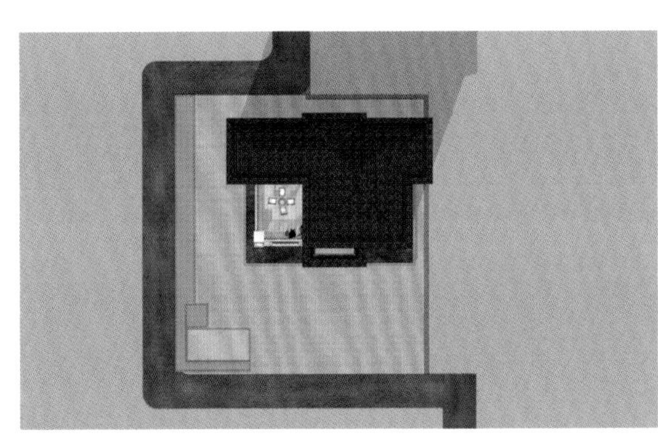

总平面图

南立面图

东立面图

北立面图

西立面图

内蒙古赤峰刘家欧式别墅

土建造价：60.00 万元

建筑面积：299.00 m^2

占地面积：164.00 m^2

面　　宽：15.90 m

进　　深：10.70 m

开间数量：4 开间

建筑层数：2 层

结构形式：砖混结构

建筑特征：有露台，坡屋顶，有庭院，有土灶

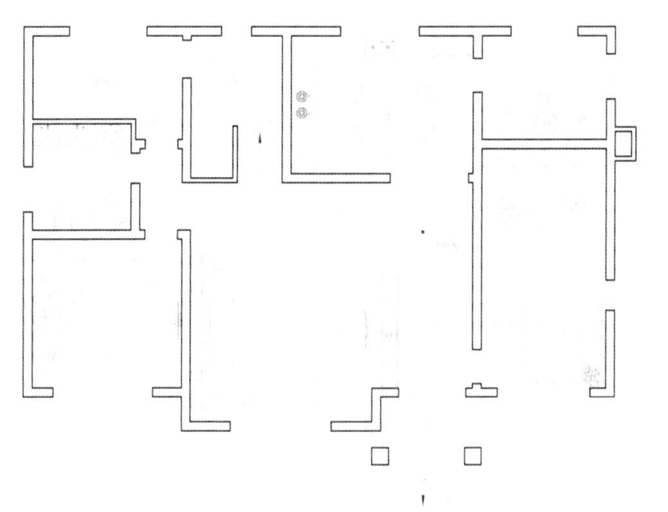

一层平面图

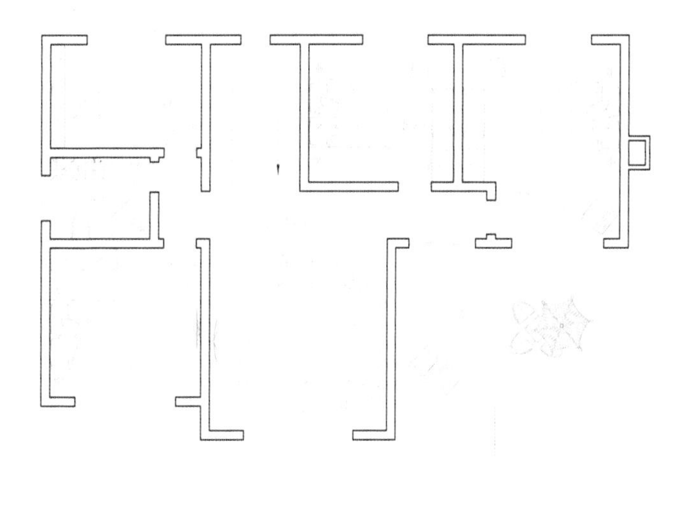

二层平面图

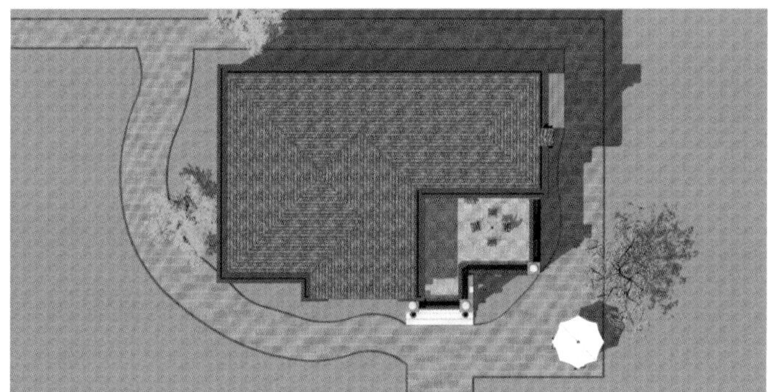

总平面图

南立面图

东立面图

北立面图

西立面图

河北邯郸李家欧式别墅

土建造价：52.00 万元　　面　　宽：12.90 m　　建筑层数：2 层

建筑面积：285.00 m^2　　进　　深：11.70 m　　结构形式：砖混结构

占地面积：146.00 m^2　　开间数量：3 开间　　建筑特征：有露台，坡屋顶

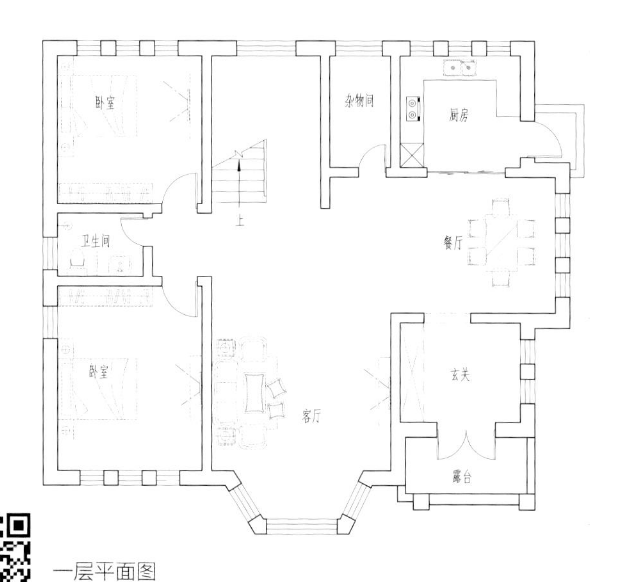

一层平面图

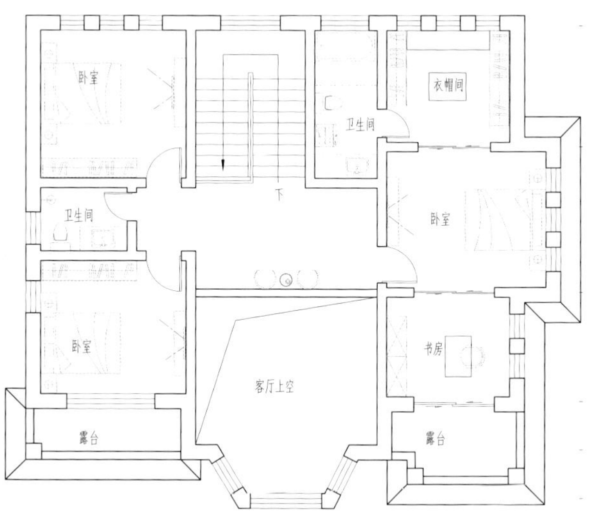

二层平面图

广东茂名李家欧式别墅

土建造价：87.20 万元

建筑面积：452.00 m²

占地面积：203.00 m²

面　　宽：15.20 m

进　　深：12.90 m

开间数量：3 开间

建筑层数：3 层

结构形式：框架结构

建筑特征：有露台，坡屋顶，有堂屋，有庭院，东楼梯，北楼梯

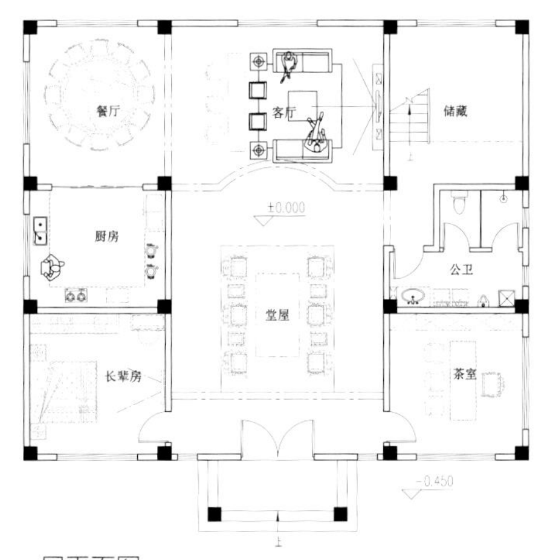

一层平面图

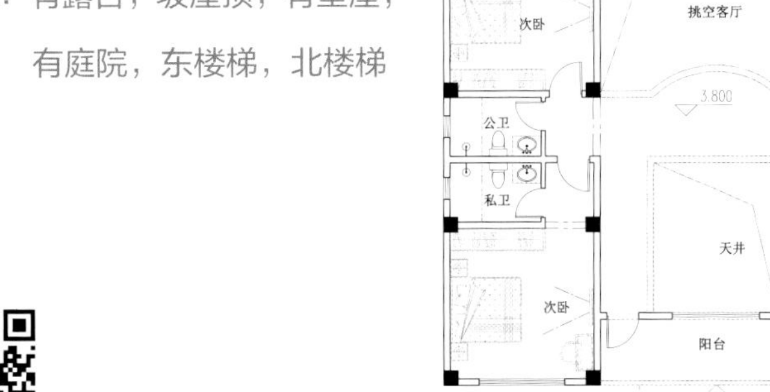

二层平面图

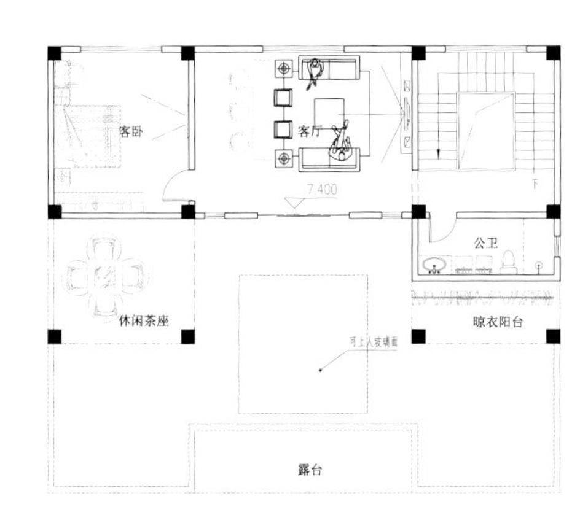

三层平面图

湖南娄底邓家欧式别墅

土建造价：80.50 万元

建筑面积：475.00 m^2

占地面积：178.00 m^2

面　　宽：15.00 m

进　　深：11.70 m

开间数量：3 开间

建筑层数：3 层

结构形式：砖混结构

建筑特征：有露台，坡屋顶，有堂屋，有庭院，北楼梯

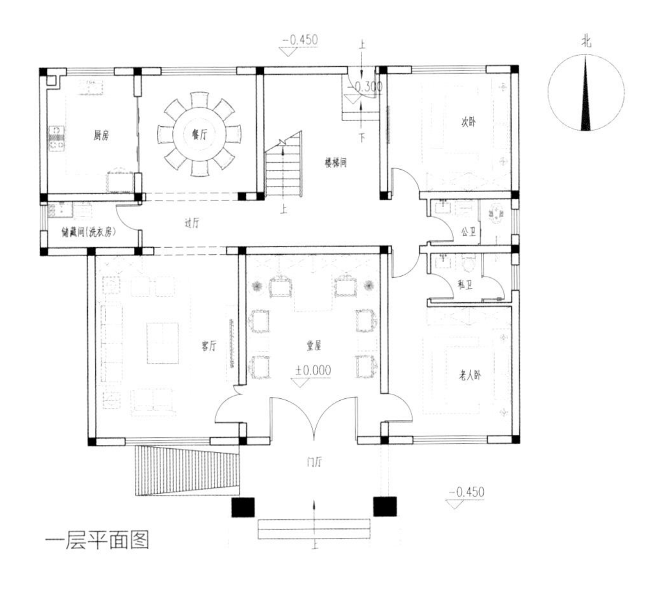

一层平面图

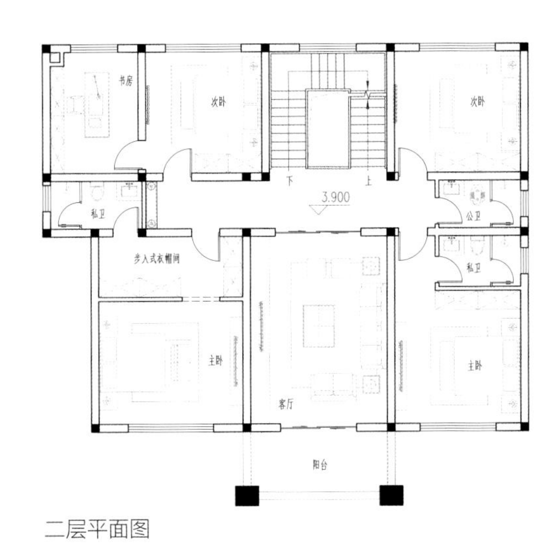

二层平面图

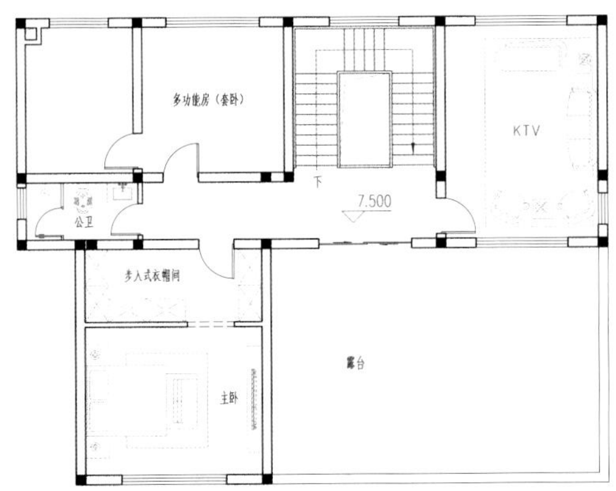

三层平面图

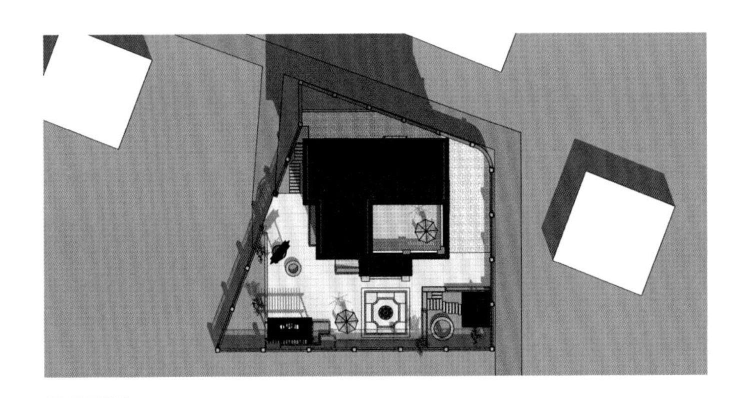

总平面图

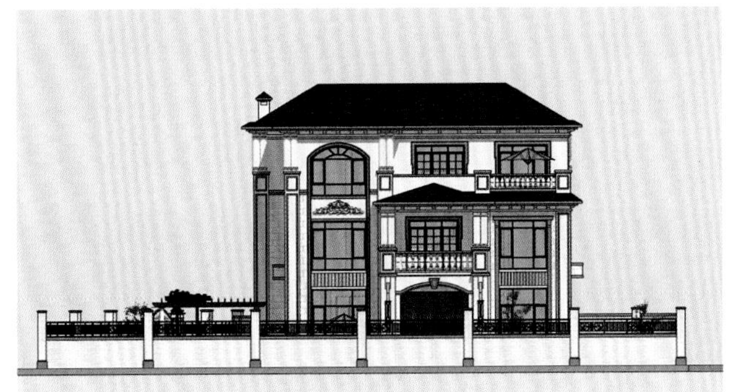

南立面图

东立面图

北立面图

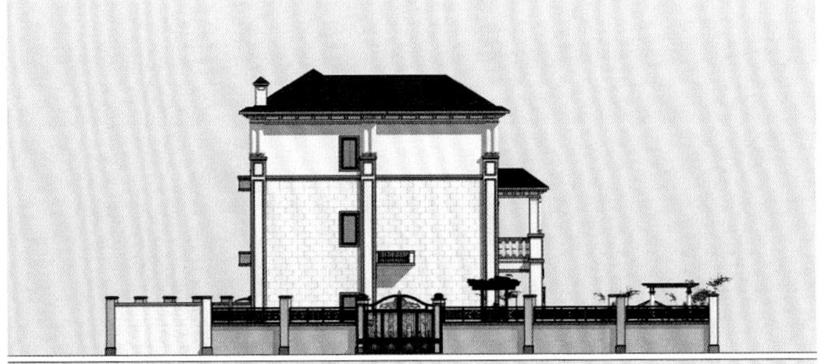

西立面图

湖南长沙王家简欧别墅

土建造价：59.60 万元	面　　宽：13.70 m	建筑层数：2 层
建筑面积：283.00 m^2	进　　深：9.60 m	结构形式：框架结构
占地面积：138.00 m^2	开间数量：4 开间	建筑特征：有露台，坡屋顶，贴邻居，有庭院，北楼梯

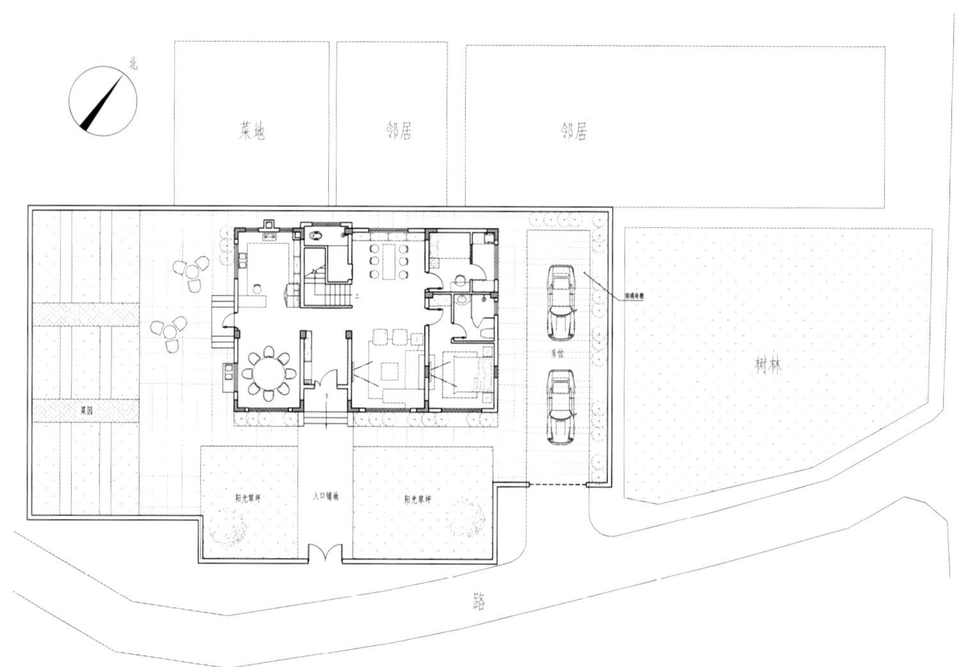

总平面图

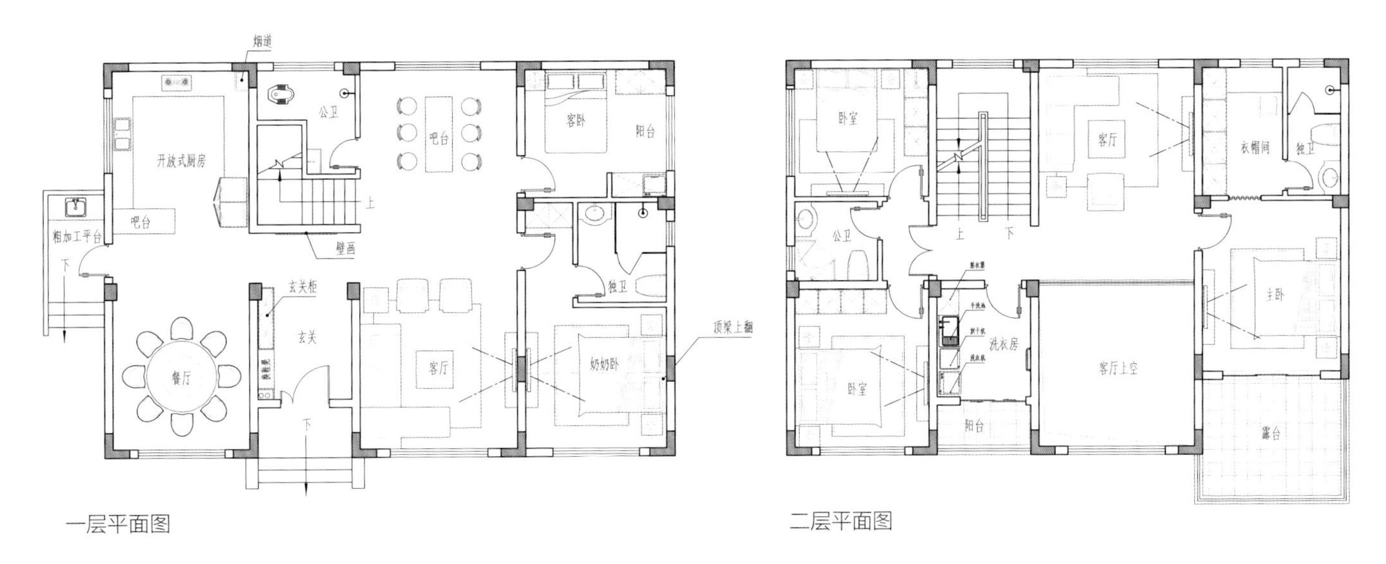

一层平面图

二层平面图

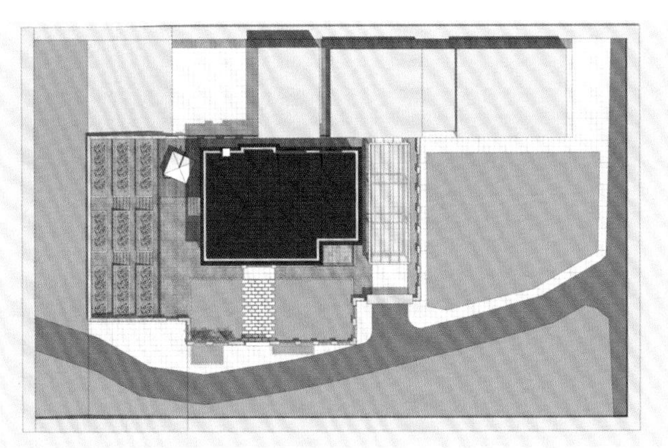

总平面图

东南立面图

东北立面图

西北立面图

西南立面图

北京通州何家欧式别墅

土建造价：48.60 万元

建筑面积：225.00 m^2

占地面积：117.33 m^2

面　　宽：10.80 m

进　　深：10.20 m

开间数量：3 开间

建筑层数：2 层

结构形式：砖混结构

建筑特征：有露台，坡屋顶，
有庭院，北楼梯

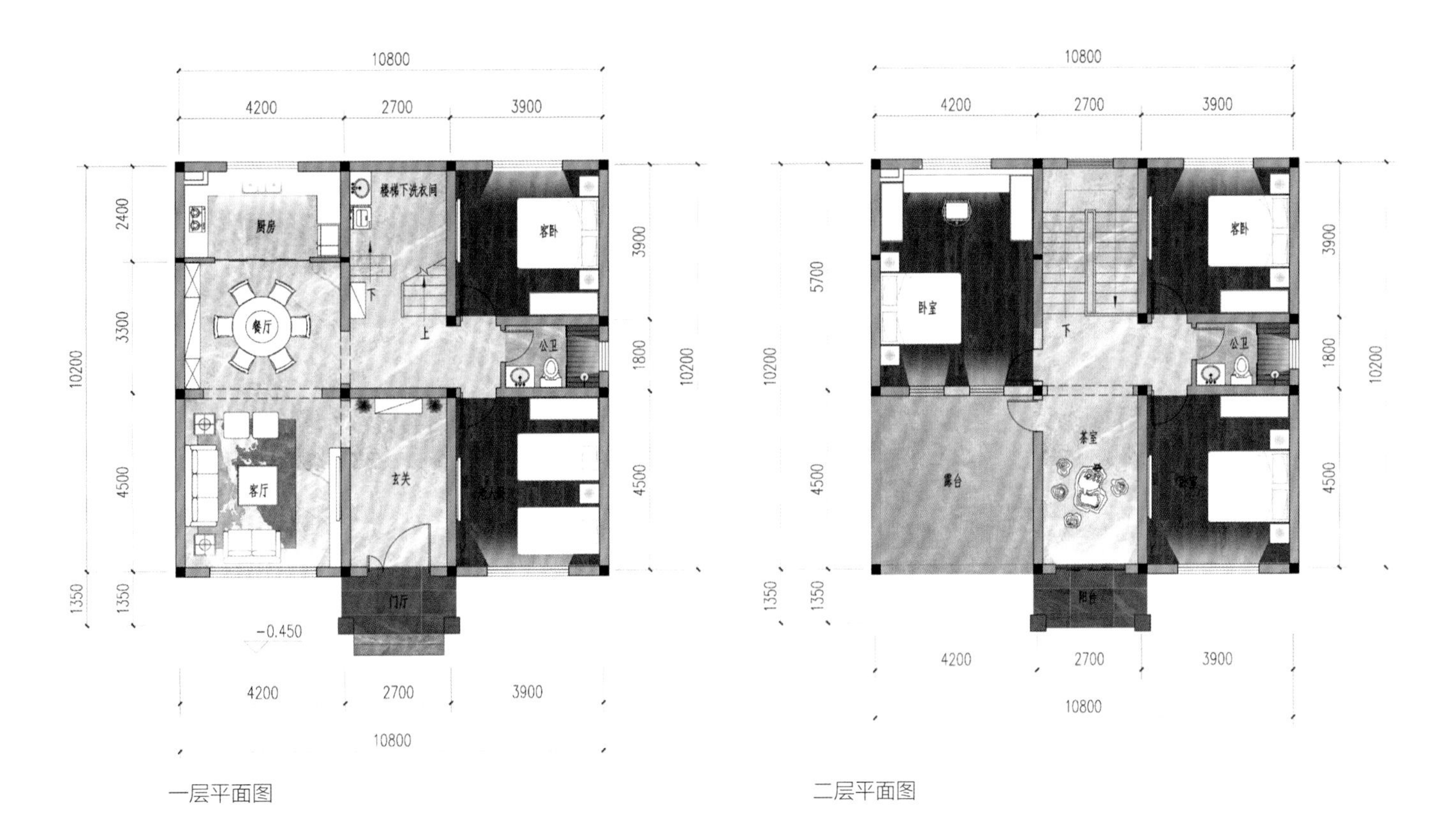
10800
4200
2700
3900
厨房
楼梯下洗衣间
客卧
餐厅
公卫
客厅
玄关
门厅
上
下
-0.450
卧室
露台
茶室
阳台
2400
3300
4500
1350
5700
1800
10200

一层平面图

二层平面图

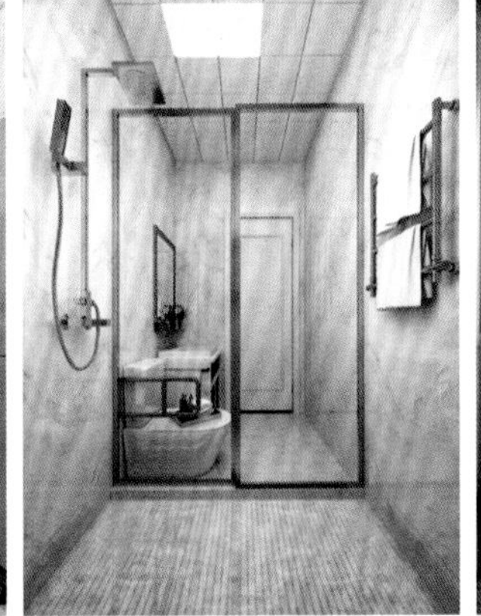

浙江杭州胡家欧式别墅

土建造价：72.00 万元

建筑面积：399.00 m^2

占地面积：136.00 m^2

面　　宽：13.10 m

进　　深：13.50 m

开间数量：3 开间

建筑层数：3 层

结构形式：框架结构

建筑特征：有露台，平屋顶，坡屋顶，贴邻居，有庭院，东楼梯，南楼梯

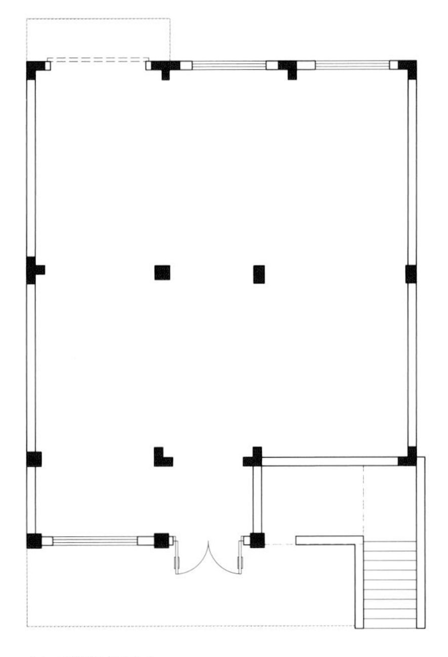

地下层平面图

一层平面图

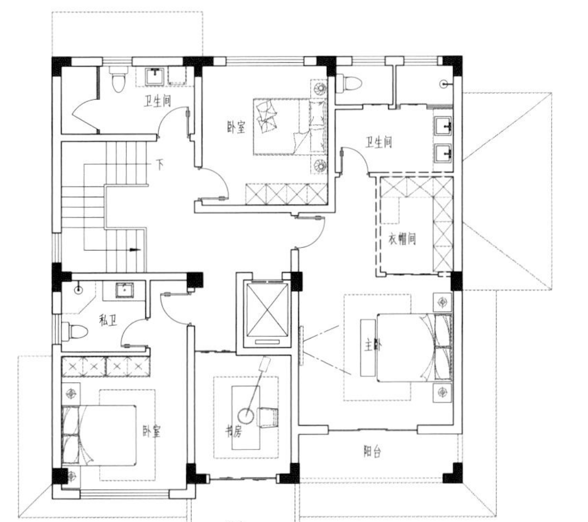

二层平面图

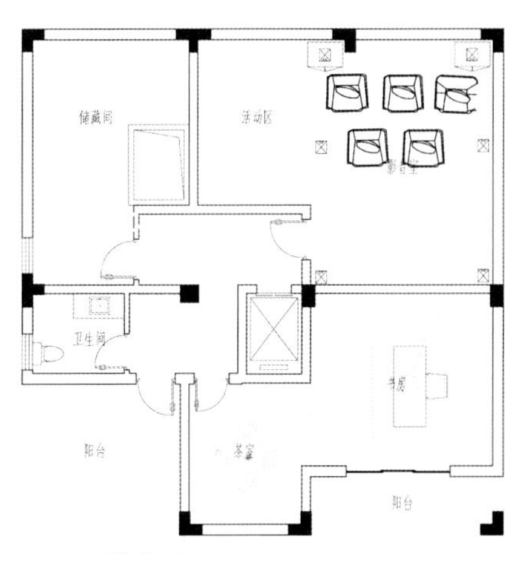

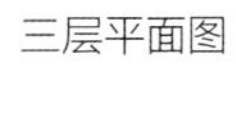

三层平面图

广东广州从化钟家欧式别墅

土建造价：50.00 万元

建筑面积：286.00 m^2

占地面积：81.00 m^2

面　　宽：7.50 m

进　　深：10.10 m

开间数量：2 开间

建筑层数：4 层

结构形式：框架结构

建筑特征：有露台，平屋顶，坡屋顶，有庭院，北楼梯，贴邻居

后院
500MM 地基线
场地轮廓线
7700
3400
4120
90
T150
烟道
公卫
5.92
10.22
厨房
餐厅
过厅 7.89
11.50
屏风门
16.66
±0.000
茶室
客厅兼门厅
-0.150
T150 门楼
前院
10380
3300
2700
3200
4300
一层平面图
休息厅
卧室2
公卫
私卫
卧室1
书房兼衣帽间
阳台
二层平面图
卧室4
起居室
公卫
私卫
卧室3
生活阳台
门楼顶
三层平面图
卧室5
过厅
公卫
露台
茶室
四层平面图

湖南岳阳杨家欧式别墅

土建造价：180.00 万元

建筑面积：996.00 m^2

占地面积：246.00 m^2

面　　宽：17.00 m

进　　深：16.10 m

开间数量：4 开间

建筑层数：4 层

结构形式：框架结构

建筑特征：有露台，坡屋顶，有庭院，北楼梯

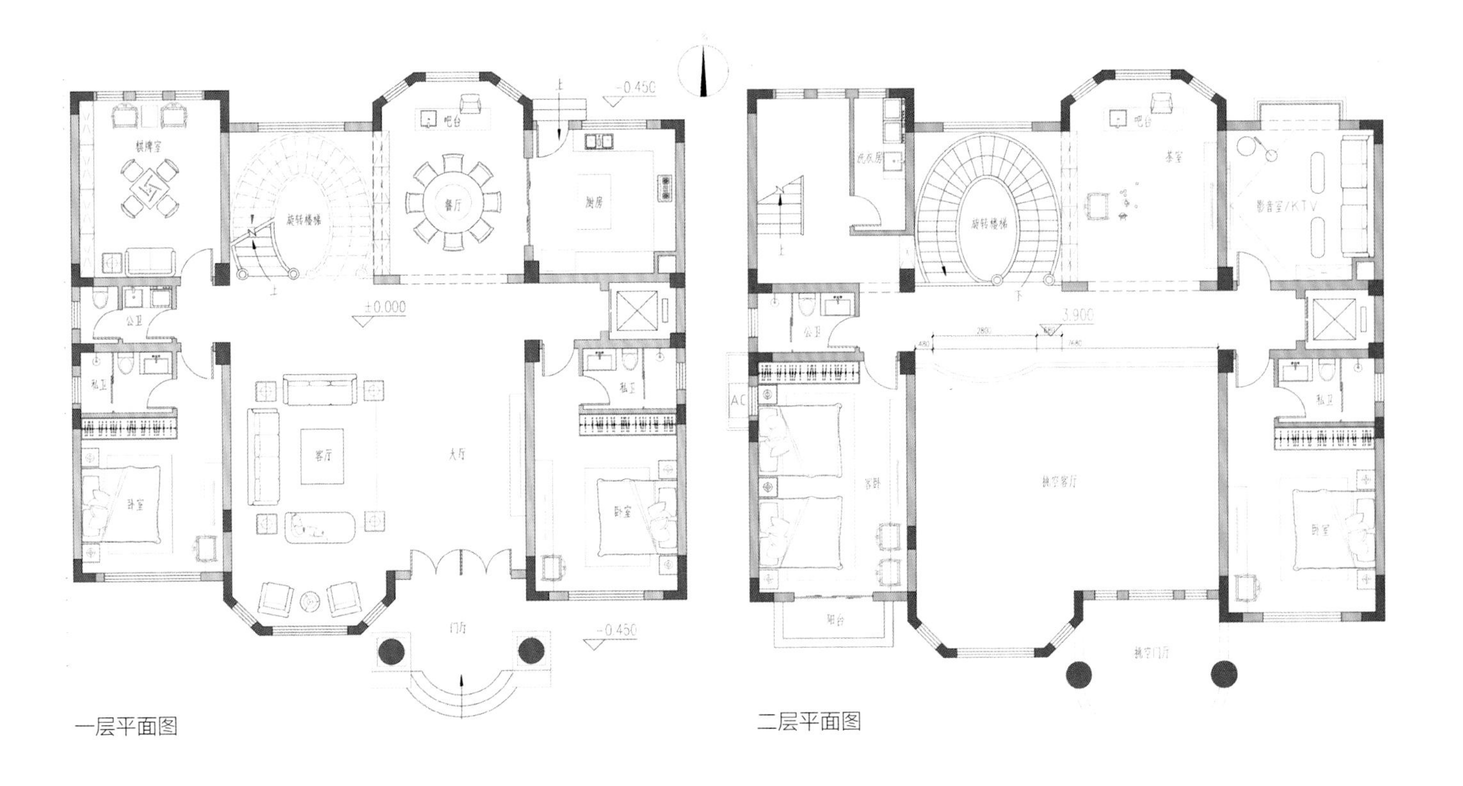

一层平面图

二层平面图

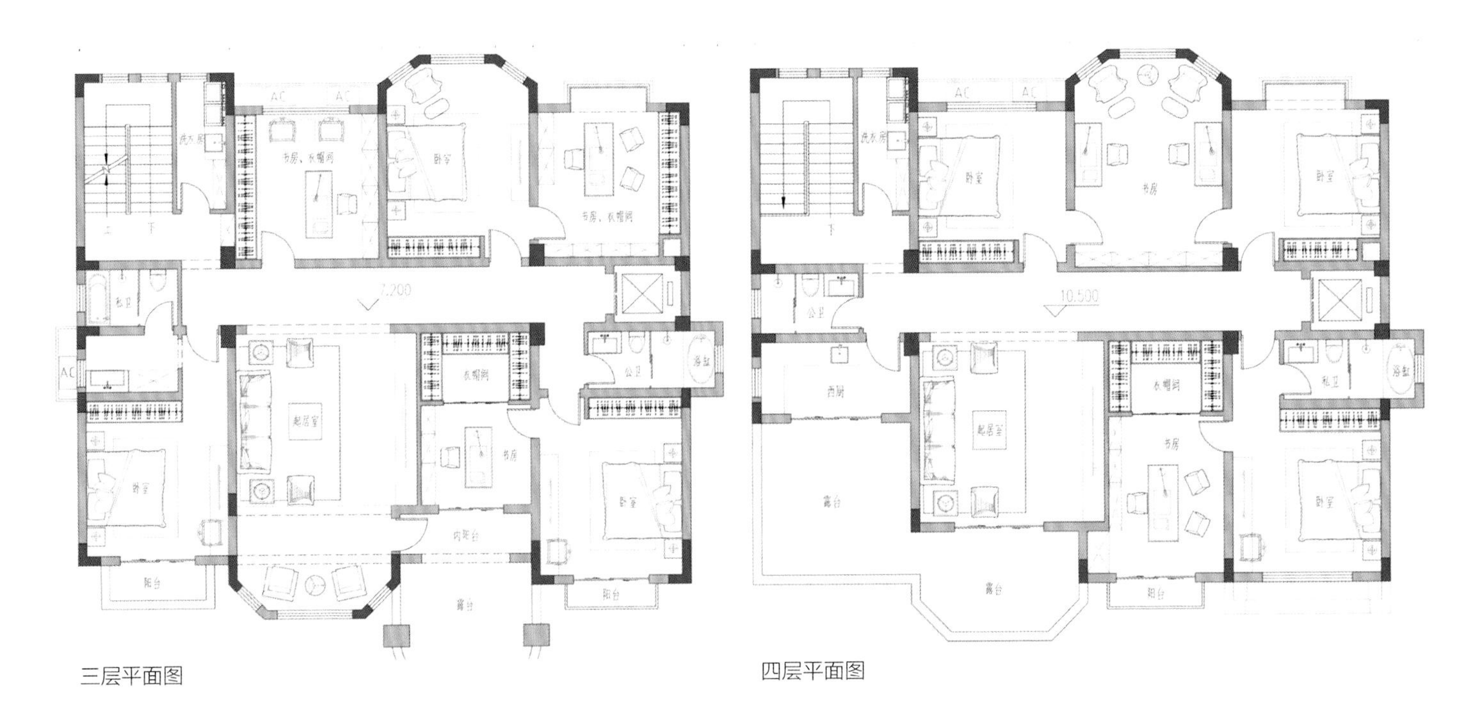

三层平面图

四层平面图

河南郑州陈家欧式别墅

土建造价：65.00 万元	面　　宽：15.30 m	建筑层数：2 层
建筑面积：318.00 m^2	进　　深：13.50 m	结构形式：砖混结构
占地面积：176.00 m^2	开间数量：4 开间	建筑特征：有露台，坡屋顶，有堂屋，北楼梯

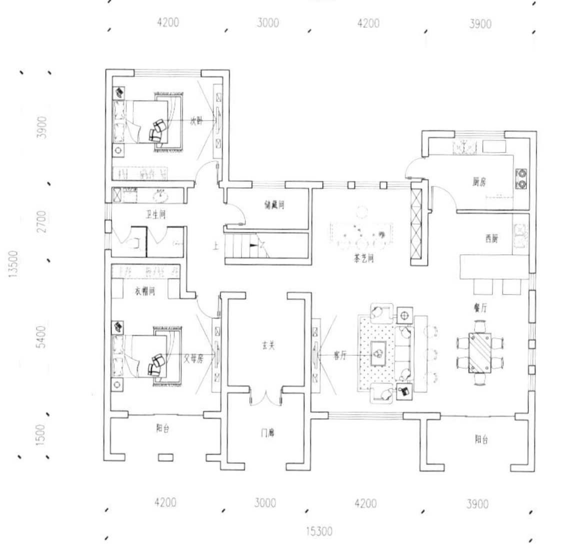

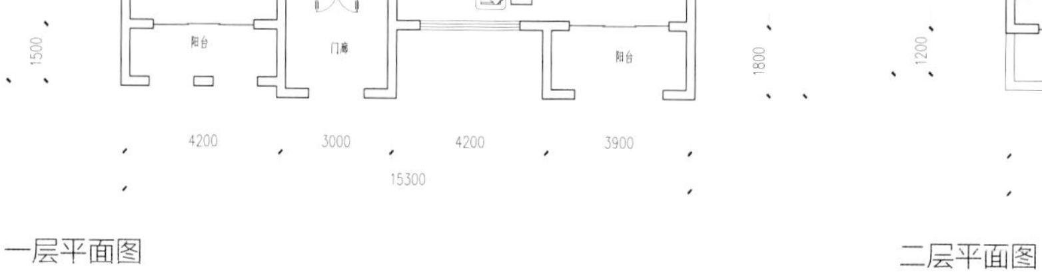

一层平面图

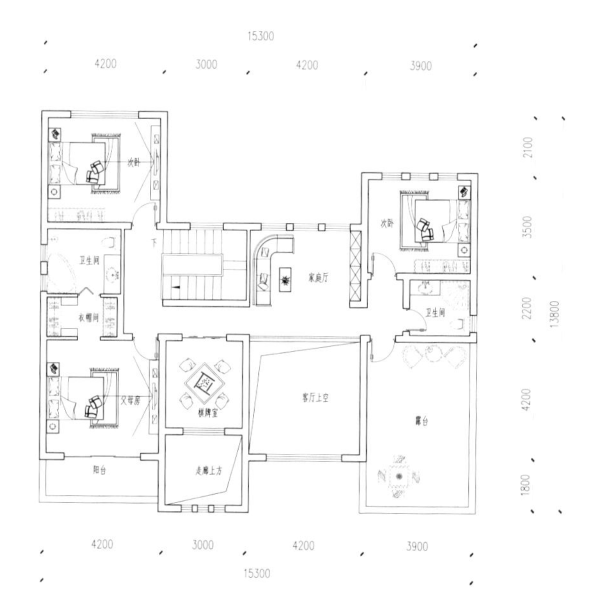

二层平面图

新中式风格

新中式风格在装修上主要体现了对中国文化的传承与发展。怎样传承？就是通过保留古典装饰的风格来继承其中的精髓。怎样发展？就是在传承中式风格的基础上，融入现代时尚流行的中式色彩元素。新中式别墅整体形式设计体现出了一种庄重、典雅、尊贵的风格特质，实现古典和现代的交融、现代都市和中国宫廷的联系以及建筑和环境的自然融合。

北京延庆马家新中式别墅

土建造价：57.00 万元

建筑面积：316.18 m^2

占地面积：174.00 m^2

面　　宽：14.00 m

进　　深：18.00 m

开间数量：3 开间

建筑层数：2 层

结构形式：砖混结构

建筑特征：有车库，有露台，有堂屋

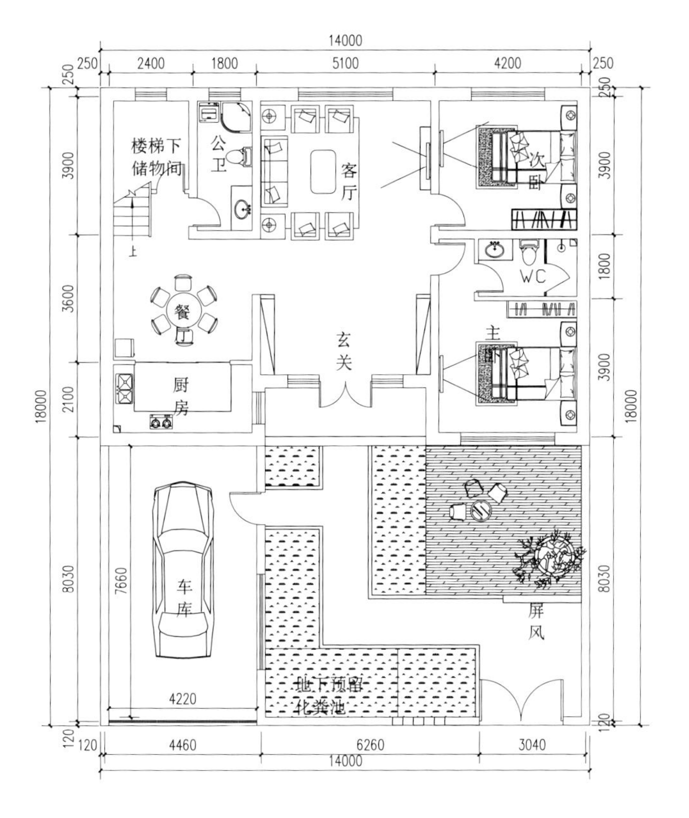

一层平面图

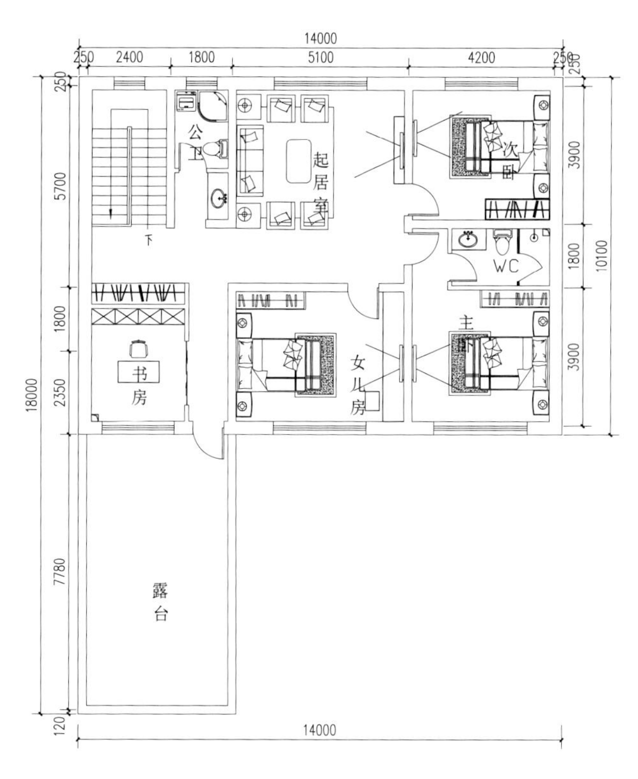

二层平面图

总平面图

南立面图

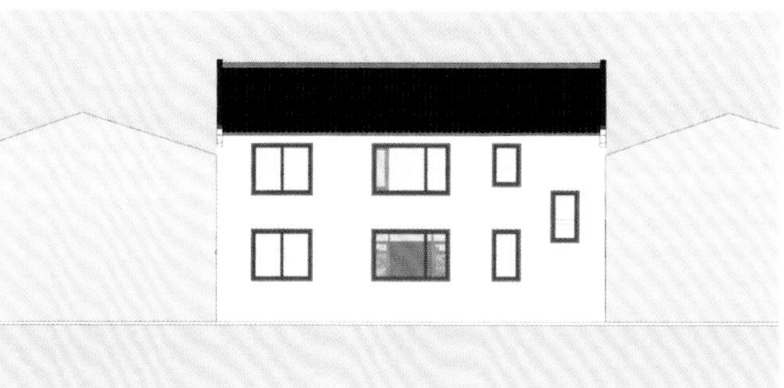

北立面图

山东菏泽刘家新中式别墅

土建造价：43.00 万元

建筑面积：264.71 m^2

占地面积：130.00 m^2

面　　宽：13.40 m

进　　深：10.50 m

开间数量：3 开间

建筑层数：3 层

结构形式：砖混结构

建筑特征：有露台，坡屋顶，有阁楼

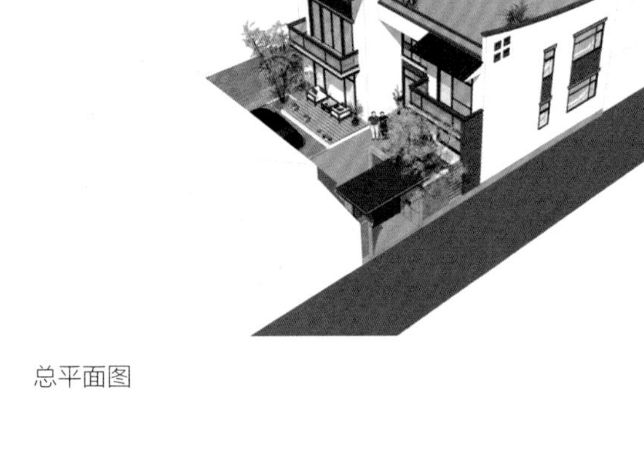

总平面图

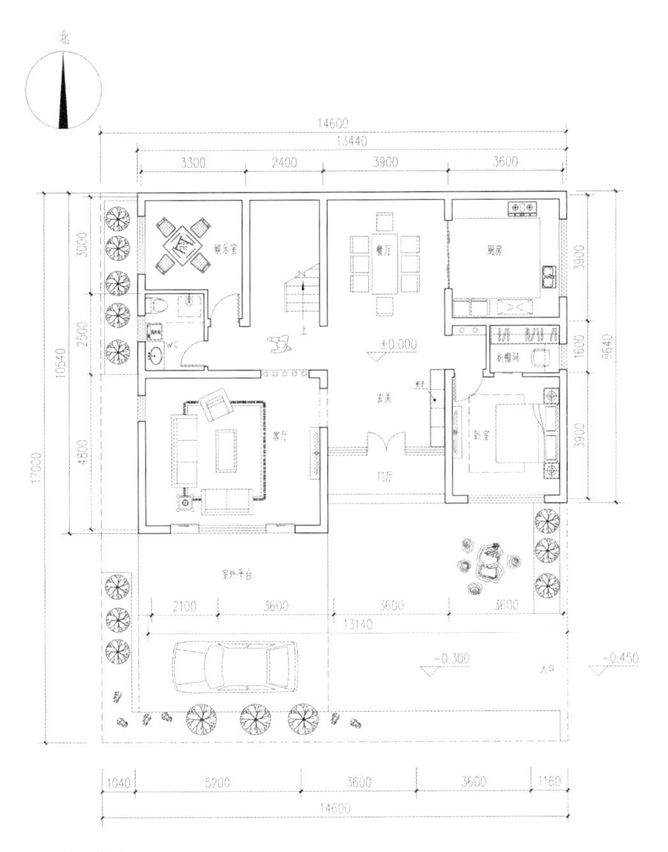

一层平面图

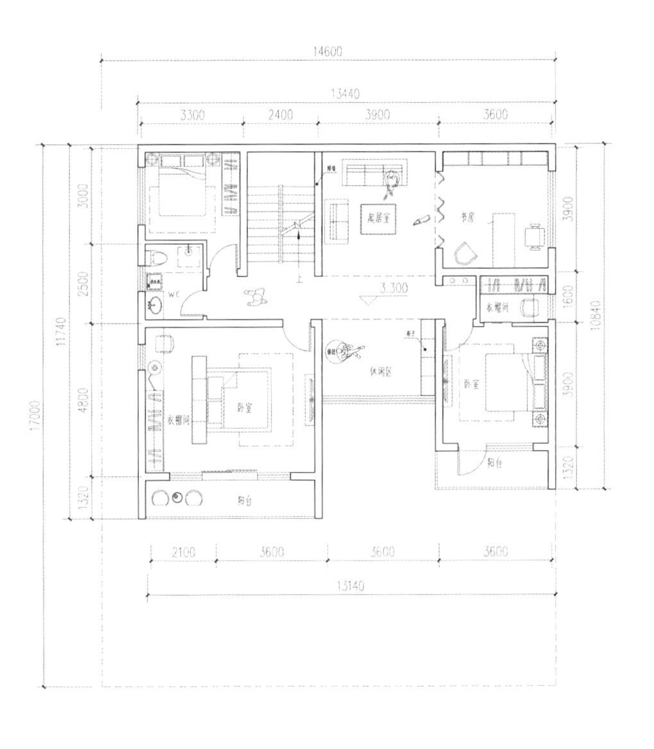

二层平面图

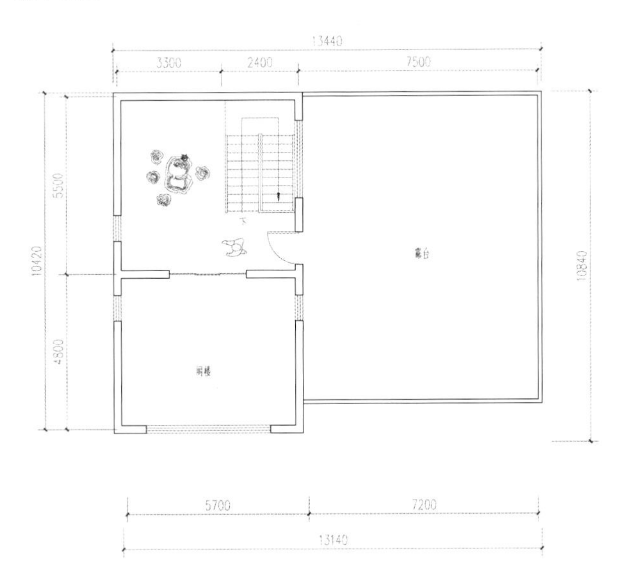

阁楼平面图

东立面图

西立面图

江西景德镇张家新中式别墅

土建造价：53.50 万元

建筑面积：279.00 m^2

占地面积：172.00 m^2

面　　宽：11.40 m

进　　深：9.40 m

开间数量：4 开间

建筑层数：3 层

结构形式：砖混结构

建筑特征：有车库，有露台，坡屋顶，北楼梯

一层平面图

二层平面图

阁楼平面图

广东佛山苏家新中式别墅

土建造价：64.60 万元

建筑面积：359.00 m^2

占地面积：427.00 m^2

面　　宽：26.00 m

进　　深：17.00 m

开间数量：4 开间

建筑层数：2 层

结构形式：砖混结构

建筑特征：有露台，坡屋顶，贴邻居，有庭院，北入口

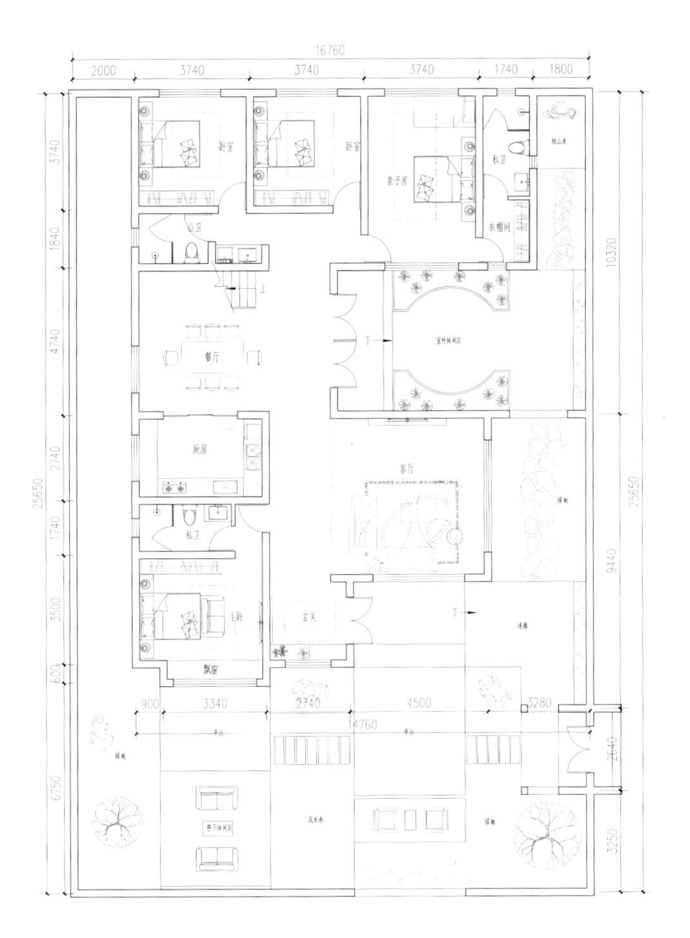
16760
2000
3740
3740
3740
1740
1800
卧室
卧室
亲子房
私卫
衣帽间
公卫
餐厅
厨房
客厅
私卫
主卧
玄关
飘窗
900
3340
2740
4500
3280
14760
10320
25650
9440
2640
3250
6750

一层平面图

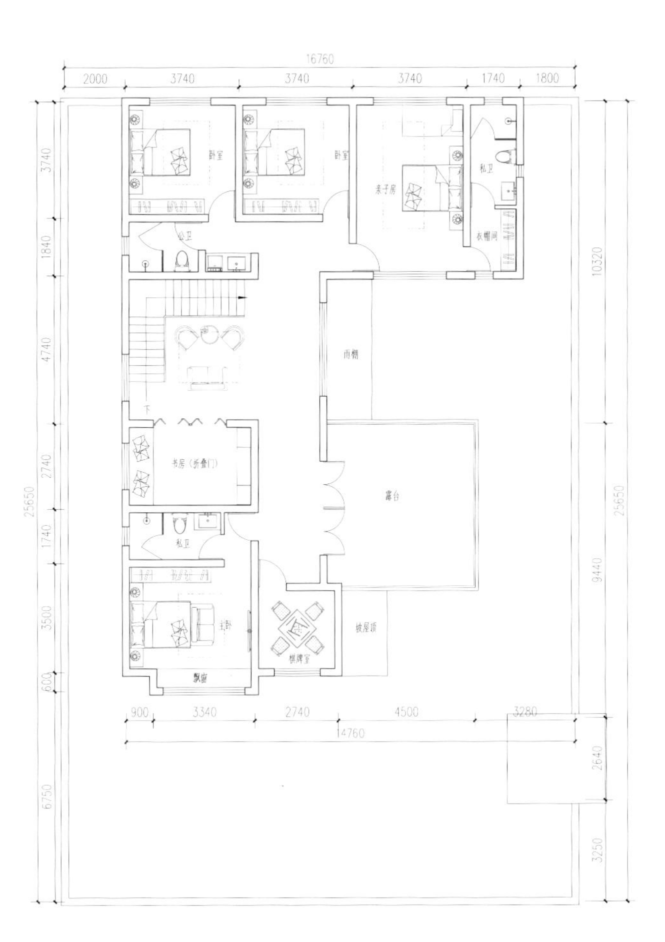
16760
2000
3740
3740
3740
1740
1800
卧室
卧室
亲子房
私卫
衣帽间
公卫
露台
私卫
主卧
飘窗
900
3340
2740
4500
3280
14760
10320
25650
9440
2640
3250
6750

二层平面图

安徽黄山方家新中式别墅

土建造价：71.80 万元

建筑面积：392.00 m^2

占地面积：167.00 m^2

面　　宽：16.10 m

进　　深：11.70 m

开间数量：3 开间

建筑层数：3 层

结构形式：框架结构

建筑特征：有露台，坡屋顶，有庭院，北入口，北楼梯

一层平面图

二层平面图

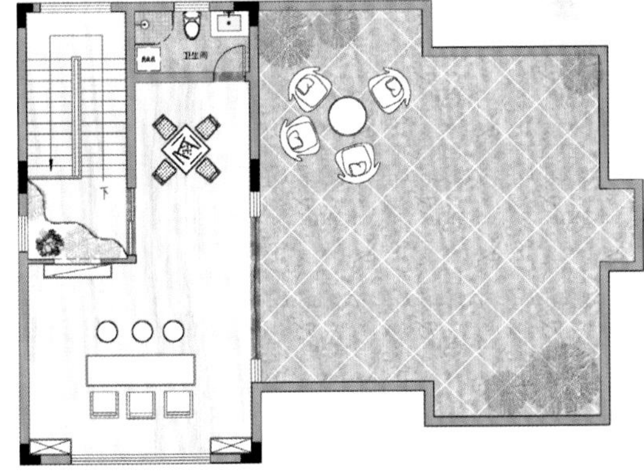

三层平面图

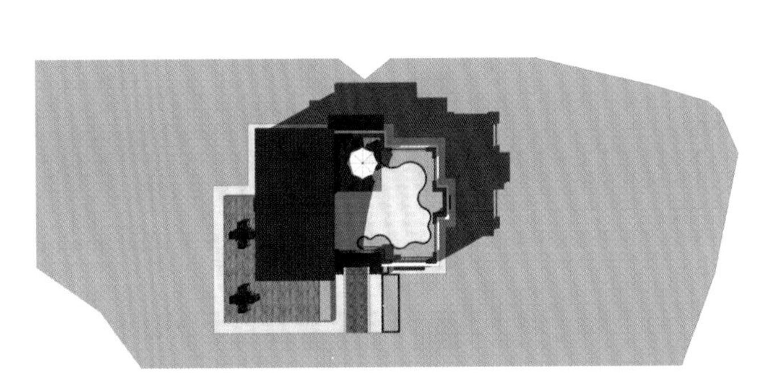

总平面图

南立面图

东立面图

北立面图

西立面图

广东梅州吴家新中式别墅

土建造价：86.00 万元

建筑面积：485.38 m^2

占地面积：155.00 m^2

面　　宽：10.00 m

进　　深：16.30 m

开间数量：2 开间

建筑层数：3 层

结构形式：框架结构

建筑特征：有露台，坡屋顶，贴邻居，有庭院

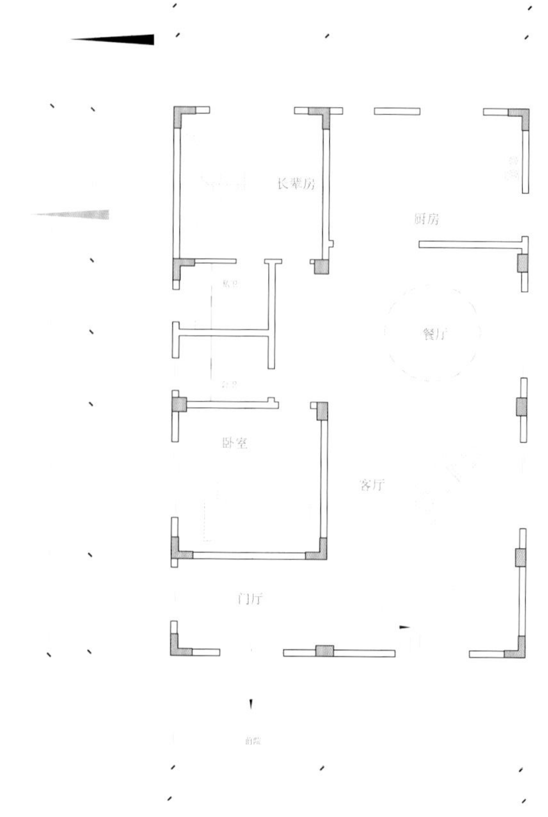

一层平面图

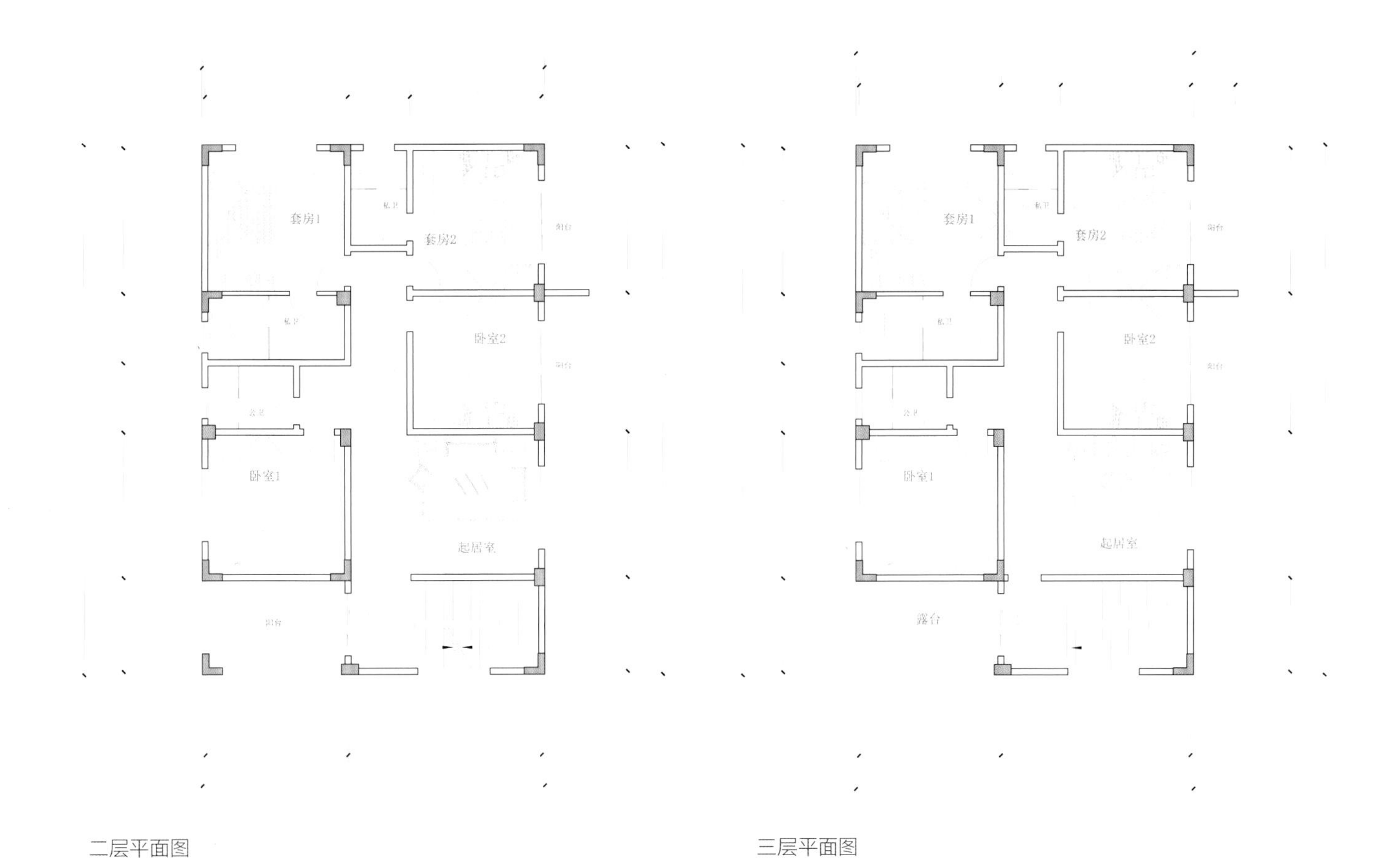

二层平面图　　三层平面图

南立面图　　东立面图

北立面图　　西立面图

湖北咸宁徐家新中式别墅

土建造价：102.00 万元

建筑面积：535.00 m^2

占地面积：233.00 m^2

面　　宽：17.40 m

进　　深：12.00 m

开间数量：5 开间

建筑层数：3 层

结构形式：框架结构

建筑特征：有露台，坡屋顶，有堂屋，贴邻居，有庭院，有土灶

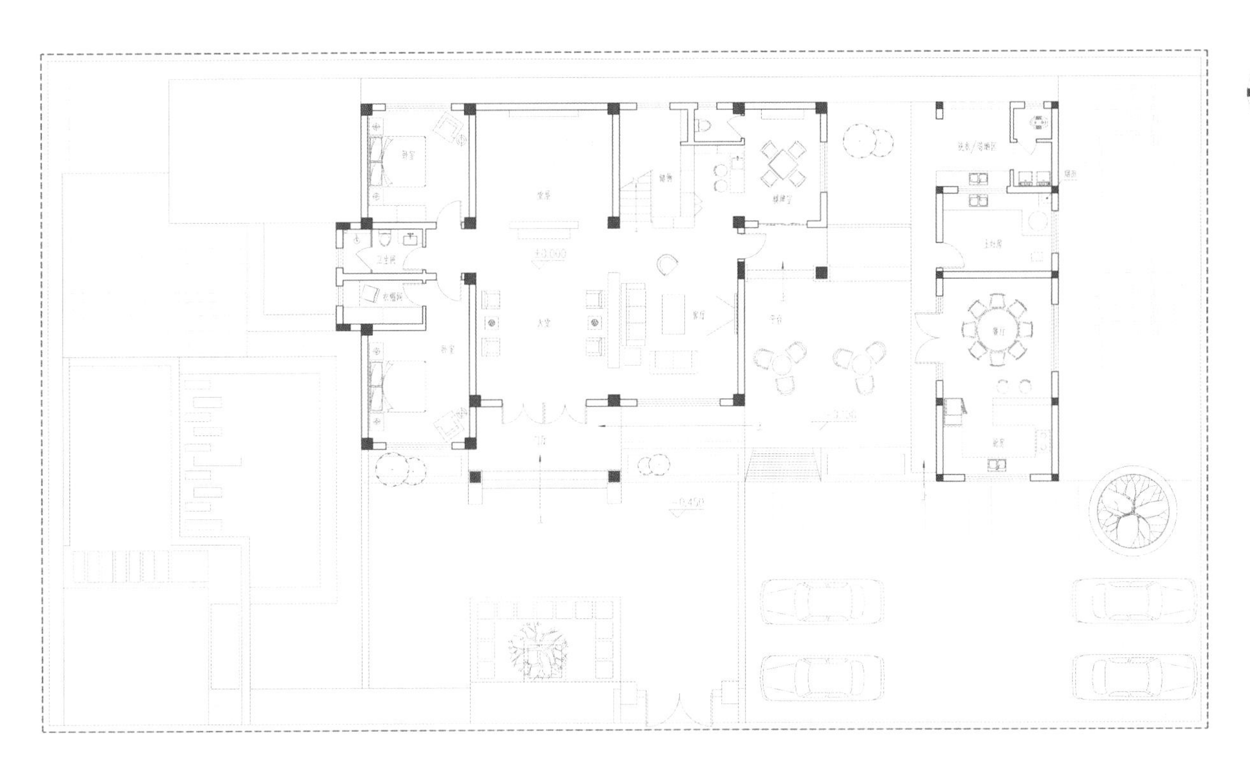

一层平面图

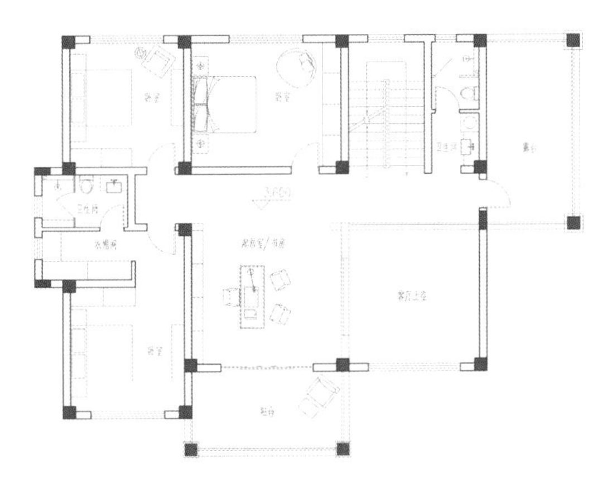

二层平面图

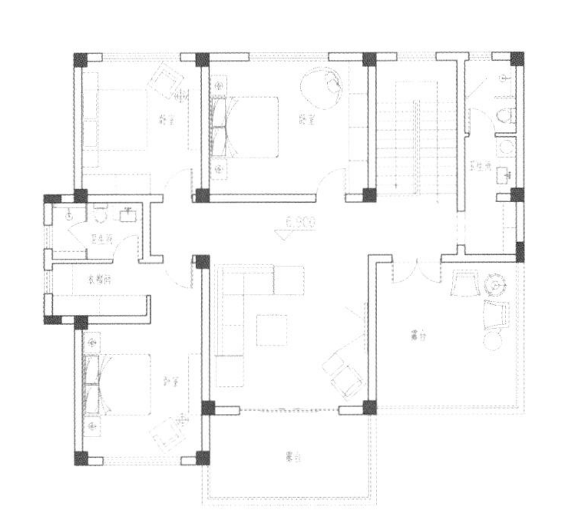

三层平面图

江西吉安曾家新中式别墅

土建造价：150.00 万元

建筑面积：368.00 m^2

占地面积：141.00 m^2

面　　宽：15.90 m

进　　深：11.20 m

开间数量：4 开间

建筑层数：3 层

结构形式：框架结构

建筑特征：有露台，坡屋顶，有堂屋，有庭院

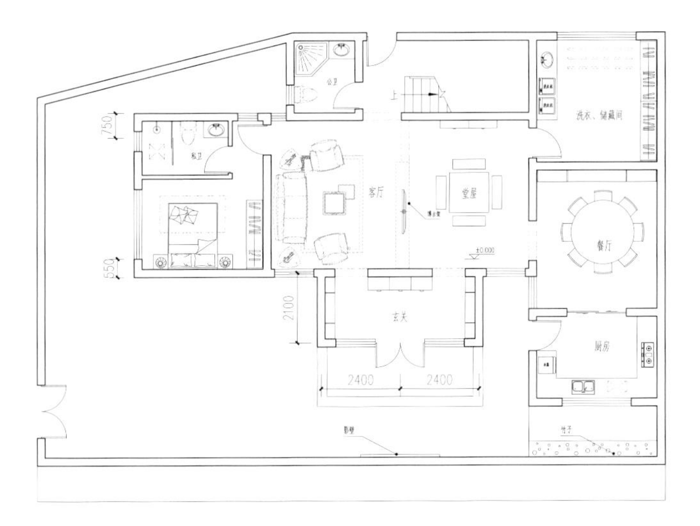

一层平面图

二层平面图

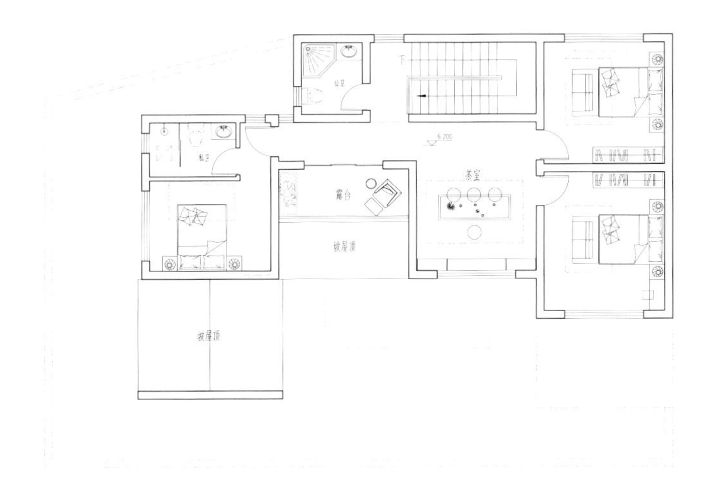

三层平面图

湖南邵阳杨家新中式别墅

土建造价：139.20 万元

建筑面积：709.00 m^2

占地面积：264.00 m^2

面　　宽：17.20 m

进　　深：16.20 m

开间数量：3 开间

建筑层数：3 层

结构形式：框架结构

建筑特征：有露台，坡屋顶，贴邻居，有庭院，有天井

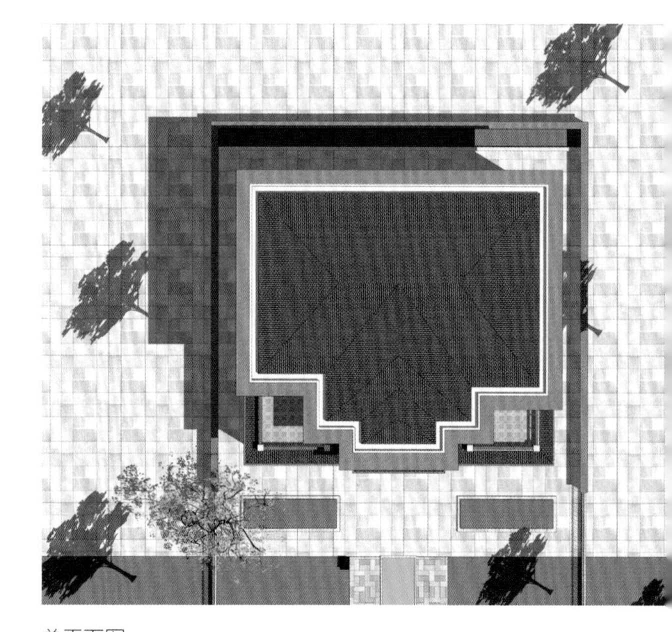

总平面图

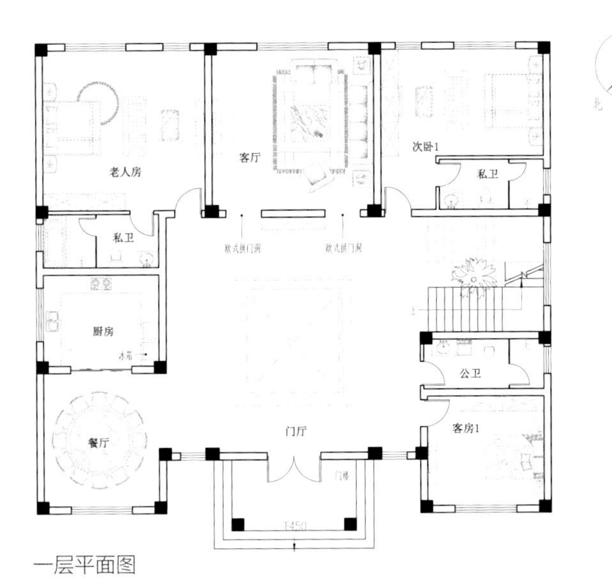

一层平面图

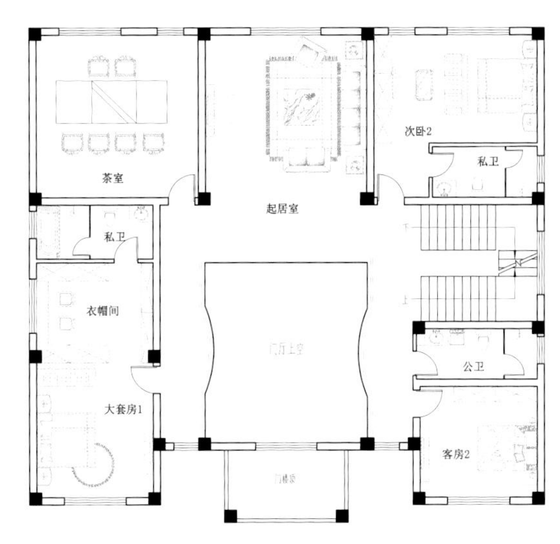

二层平面图

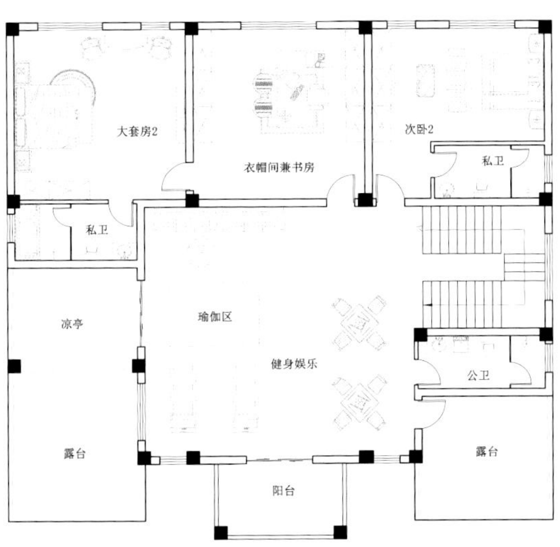

三层平面图

西北立面图

西南立面图

东南立面图

东北立面图

江西吉安徽派雅居

土建造价：110.00 万元

建筑面积：584.00 m^2

占地面积：302.00 m^2

面　　宽：25.00 m

进　　深：15.00 m

开间数量：6 开间

建筑层数：2 层

结构形式：框架结构

建筑特征：有车库，有露台，坡屋顶，有堂屋，有庭院，三合院，北入口，有土灶

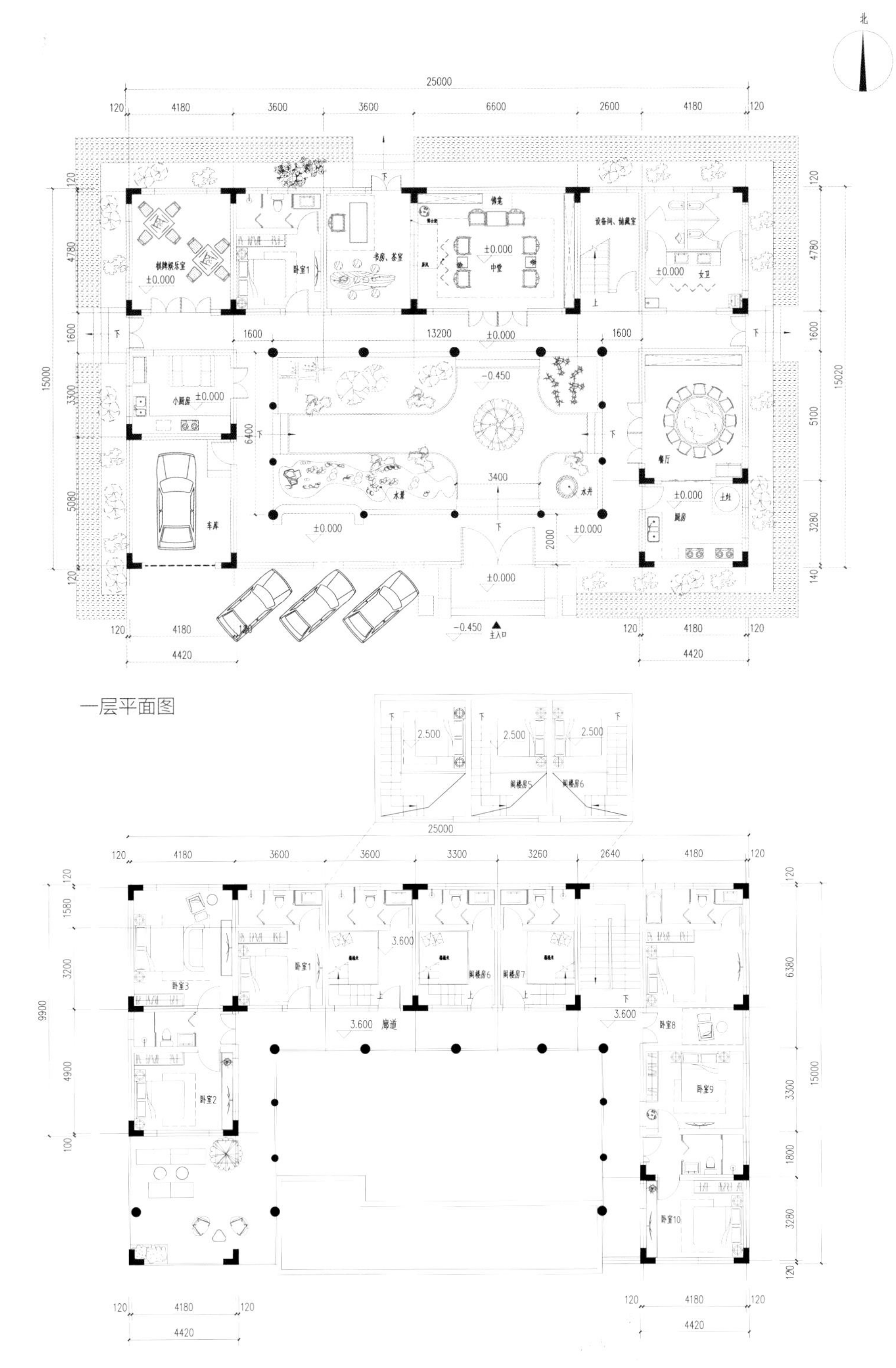
北
25000
120
4180
3600
3600
6600
2600
4180
120
棋牌娱乐室
卧室1
书房、茶室
中堂
小厨房
车库
水景
水井
餐厅
厨房
±0.000
-0.450
主入口
4420
卧室2
卧室3
卧室8
卧室9
卧室10
廊道
3.600
2.500

一层平面图

二层平面图

河北承德马家新中式别墅

土建造价：75.50 万元

建筑面积：357.00 m^2

占地面积：121.00 m^2

面　　宽：13.90 m

进　　深：10.40 m

开间数量：3 开间

建筑层数：2 层

结构形式：砖混结构

建筑特征：带地下室，有露台，坡屋顶，贴邻居，有庭院

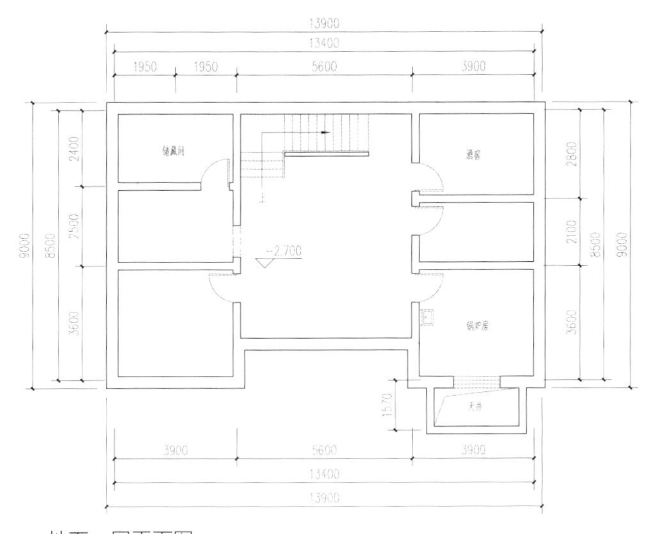

地下一层平面图

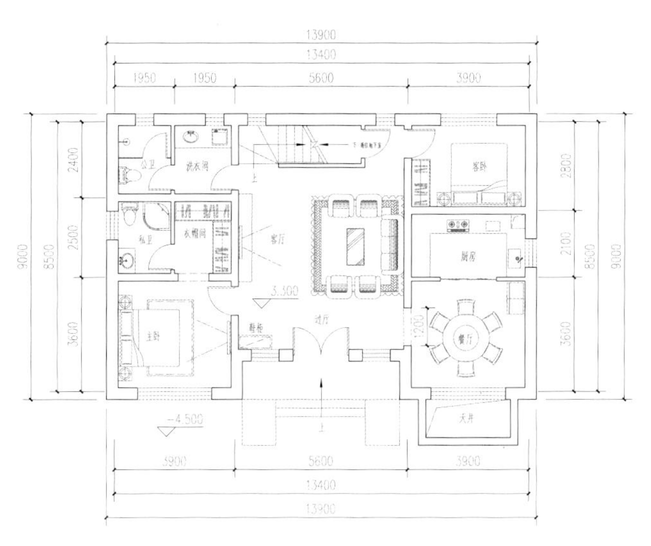

一层平面图

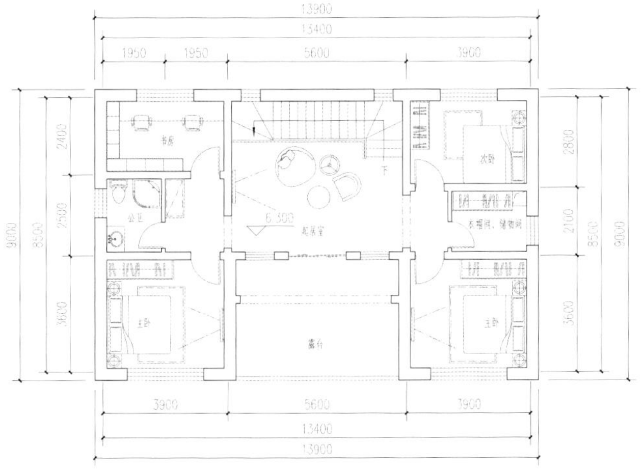

二层平面图

北京房山新中式别墅

土建造价：95.00 万元

建筑面积：638.00 m^2

占地面积：272.00 m^2

面　　宽：20.60 m

进　　深：12.20 m

开间数量：5 开间

建筑层数：2 层

结构形式：砖混结构

建筑特征：带地下室，有露台，坡屋顶，有庭院，北楼梯

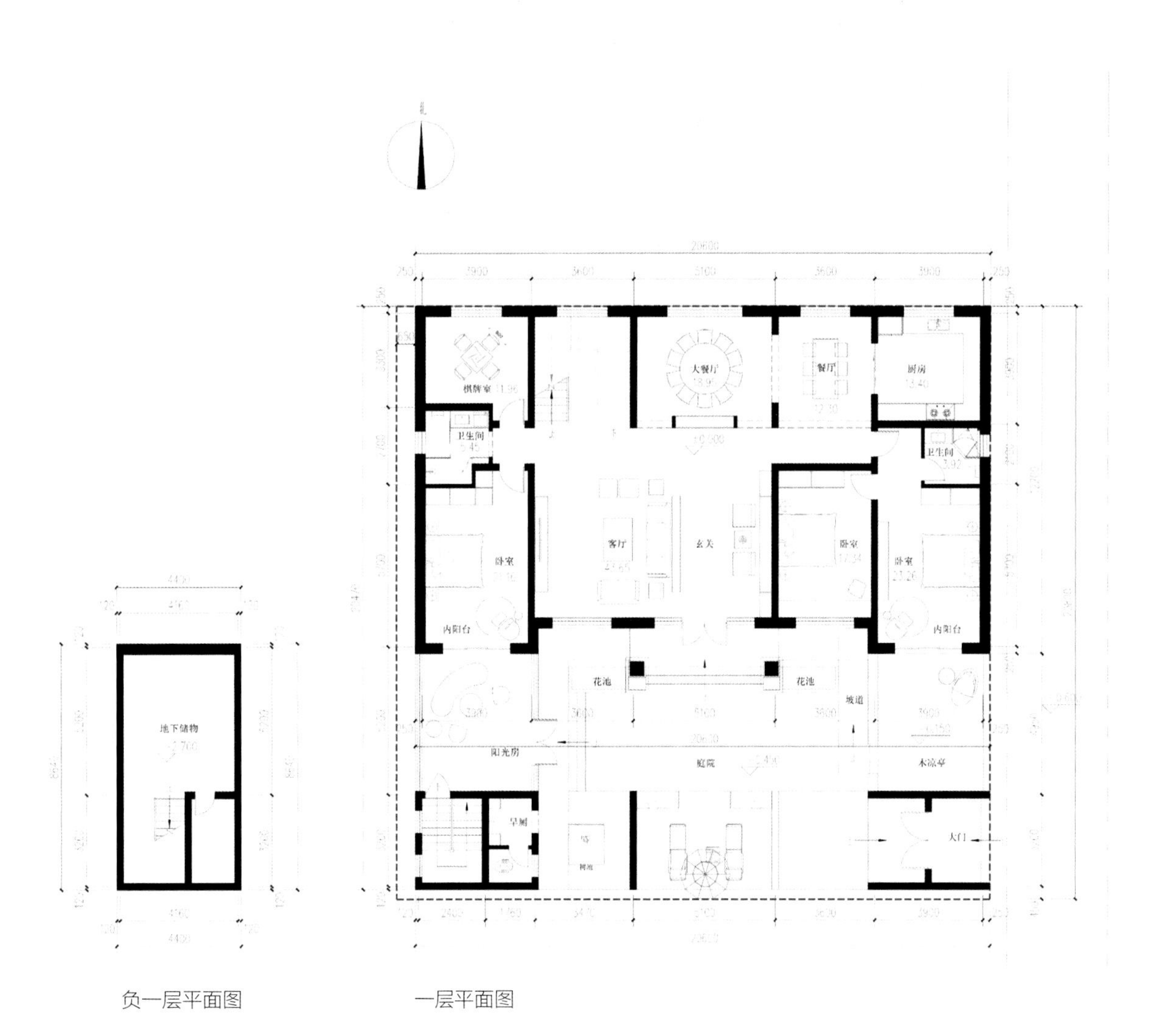

负一层平面图　　一层平面图

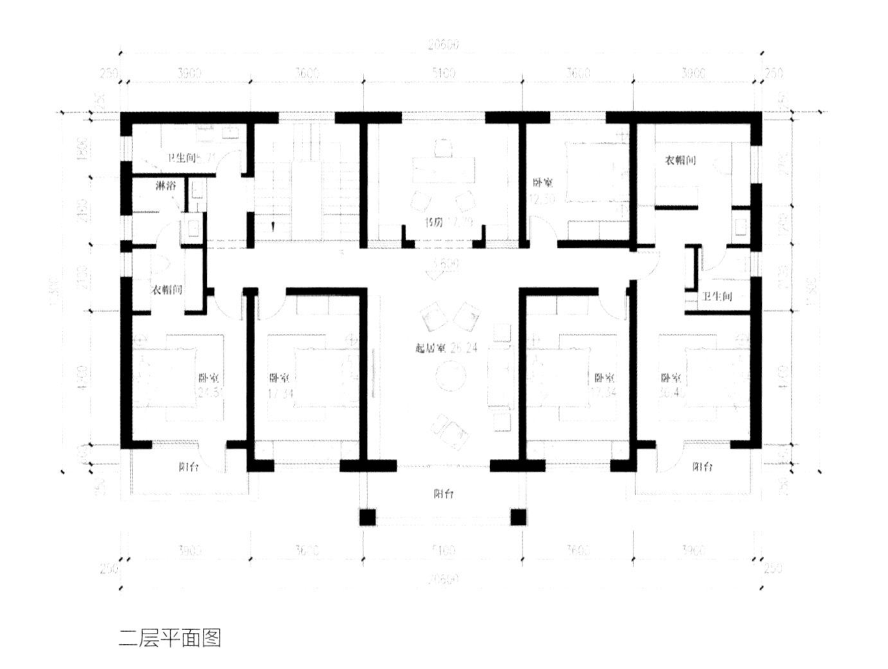

二层平面图

河北廊坊张家新中式别墅

土建造价：119.00 万元

建筑面积：659.00 m^2

占地面积：350.00 m^2

面　　宽：17.80 m

进　　深：14.30 m

开间数量：5 开间

建筑层数：2 层

结构形式：框架结构

建筑特征：有车库，有露台，坡屋顶，有庭院，北楼梯

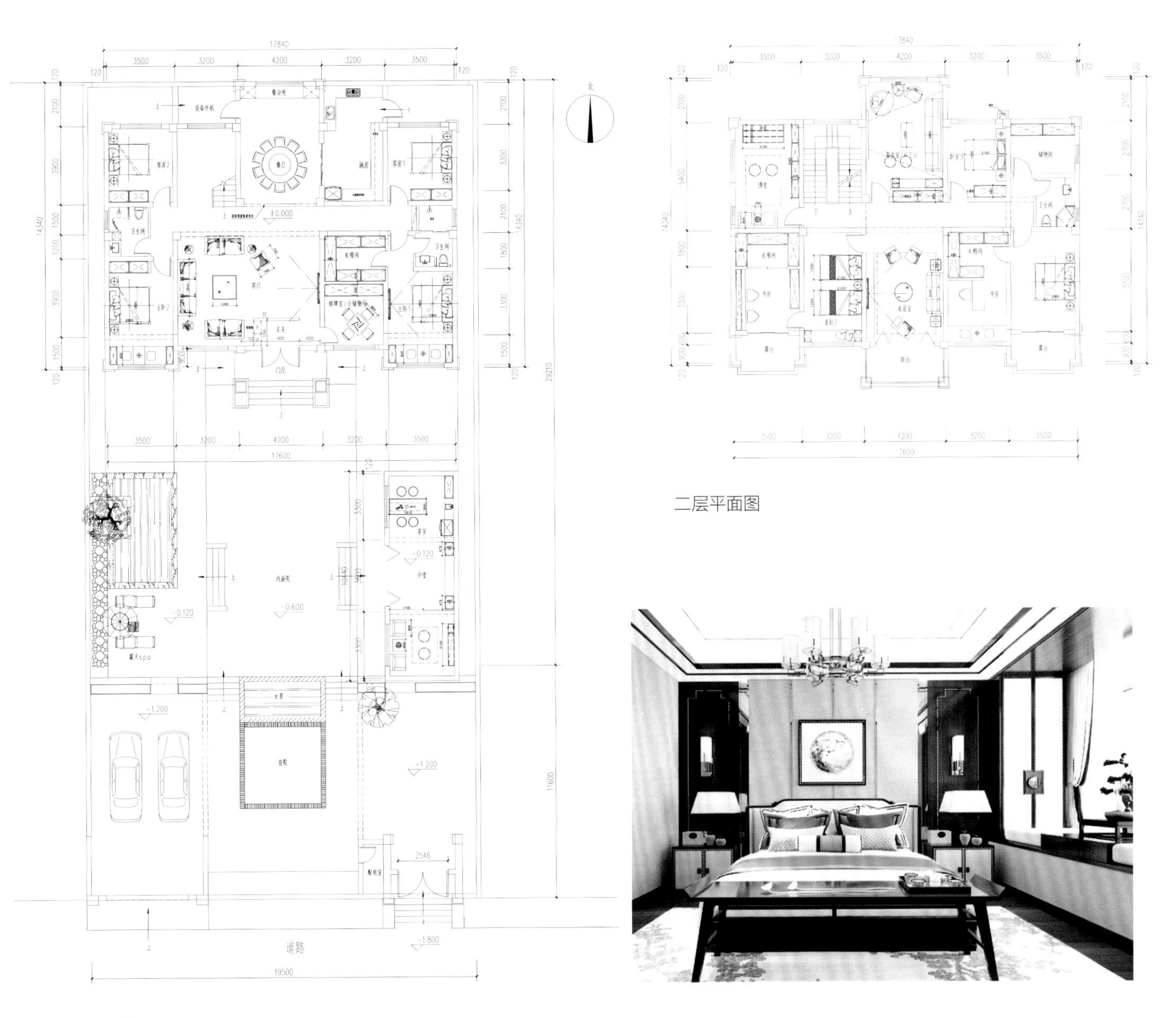

二层平面图

一层平面图

浙江台州吴家新中式别墅

土建造价：56.00 万元

建筑面积：320.00 m^2

占地面积：114.00 m^2

面　　宽：11.10 m

进　　深：10.30 m

开间数量：3 开间

建筑层数：3 层

结构形式：砖混结构

建筑特征：有露台，坡屋顶，贴邻居，有庭院，北入口，有土灶

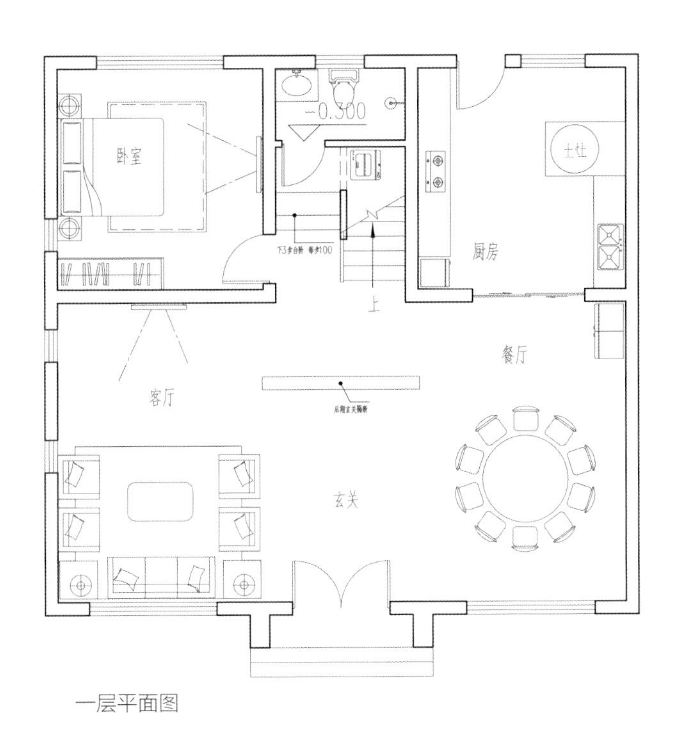

一层平面图

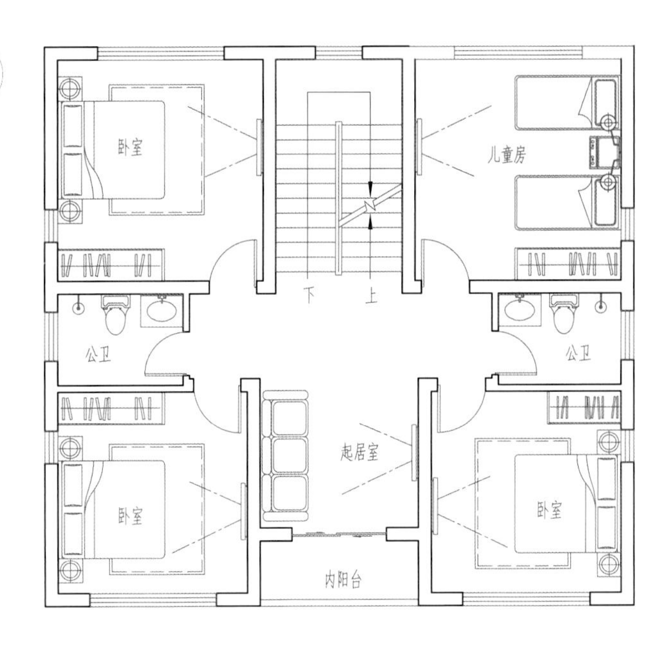

二层平面图

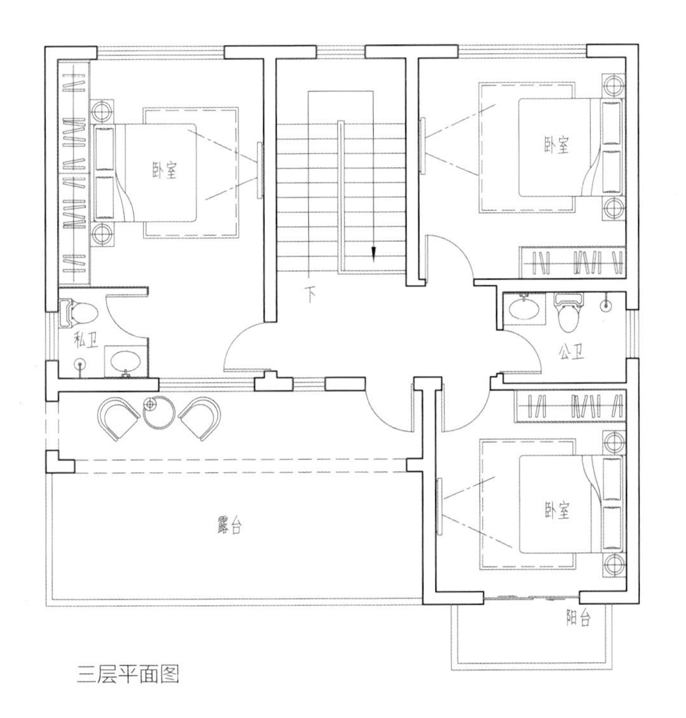

三层平面图

湖南长沙乡宁彭家别墅

土建造价：73.50 万元

建筑面积：287.00 m^2

占地面积：147.00 m^2

面　　宽：8.90 m

进　　深：18.80 m

开间数量：2 开间

建筑层数：2 层

结构形式：框架结构

建筑特征：有露台，坡屋顶，贴邻居，有庭院

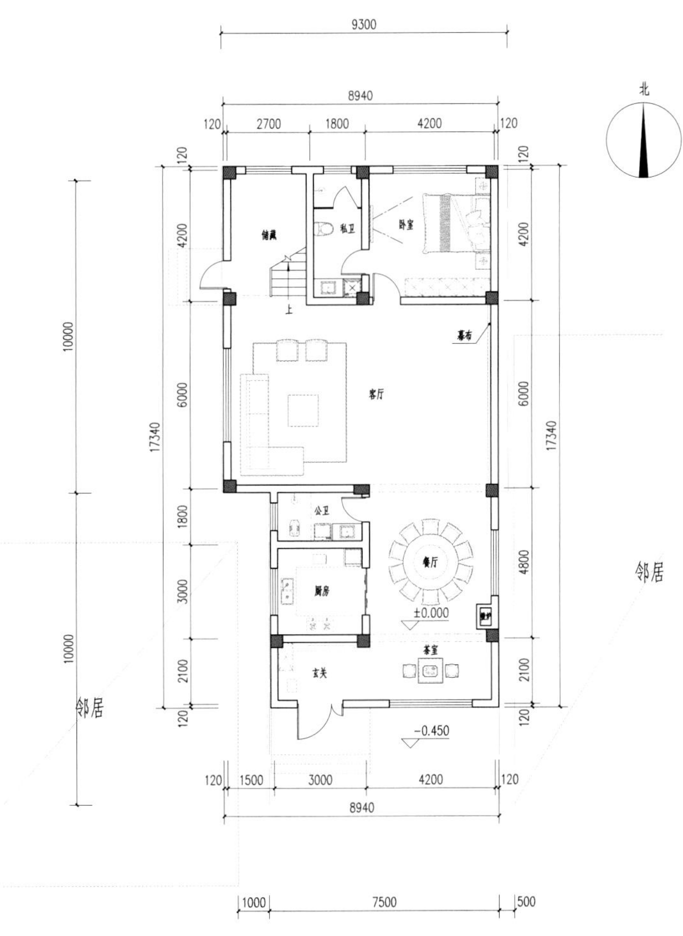

一层平面图

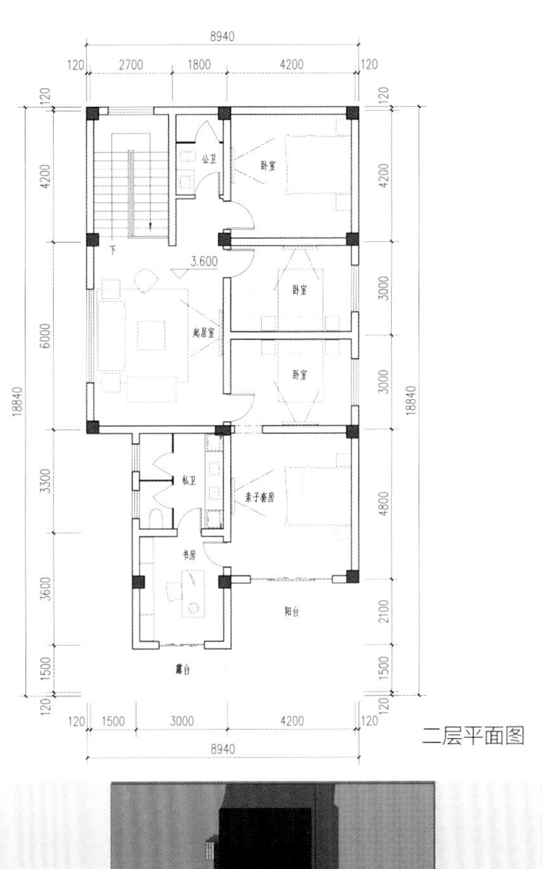

二层平面图

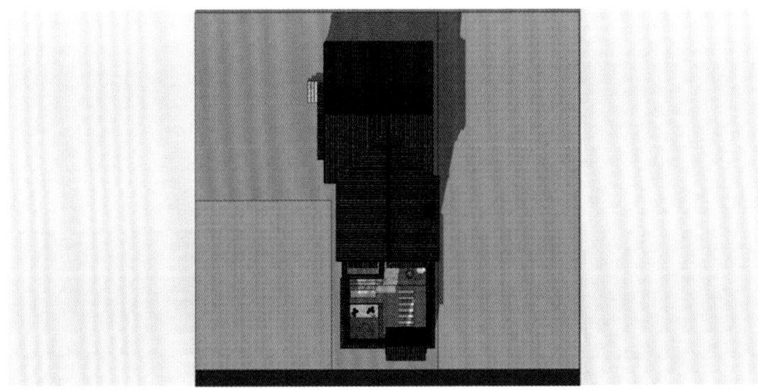

总平面图

南立面图

东立面图

北立面图

西立面图

湖南邵阳易家别墅

土建造价：86.40 万元

建筑面积：480.00 m^2

占地面积：236.00 m^2

面　　宽：21.60 m

进　　深：17.00 m

开间数量：5 开间

建筑层数：2 层

结构形式：砖混结构

建筑特征：有车库，有露台，坡屋顶，有堂屋，贴邻居，有庭院，三合院，有土灶

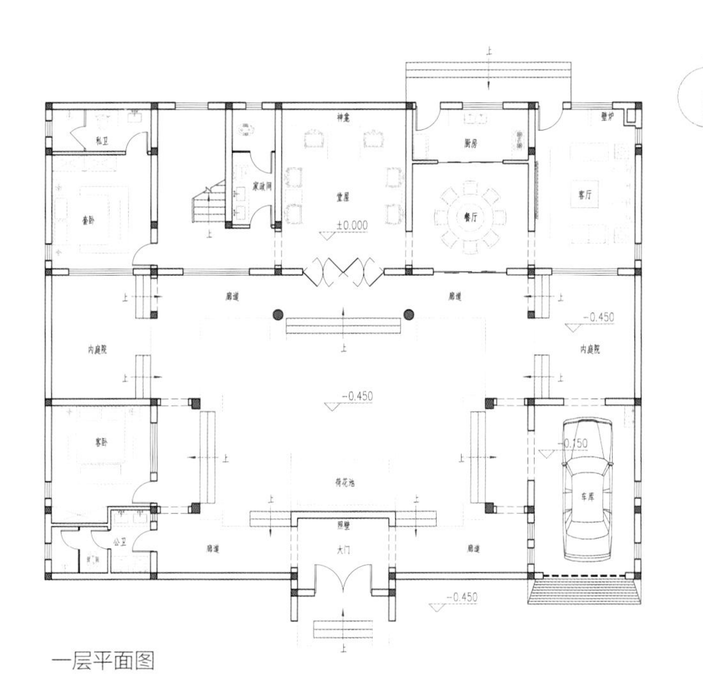

一层平面图

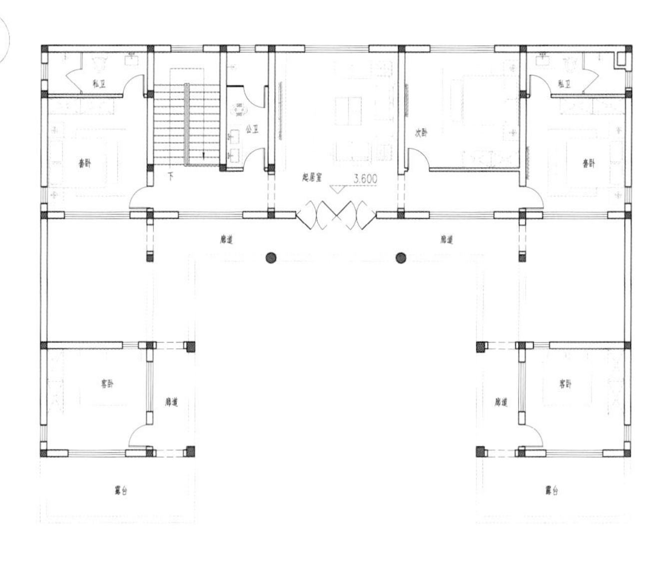

二层平面图

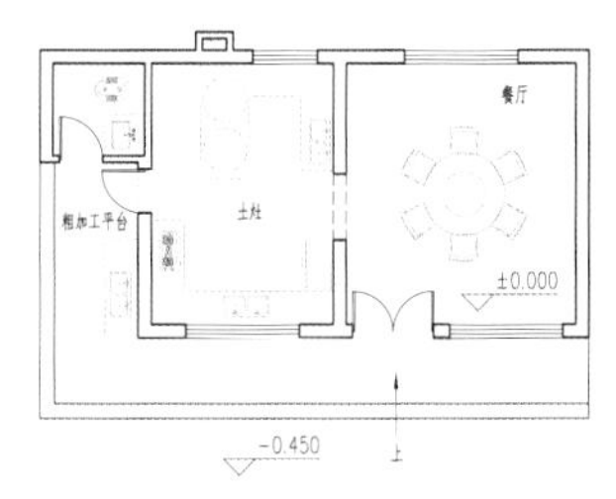

附属房平面图

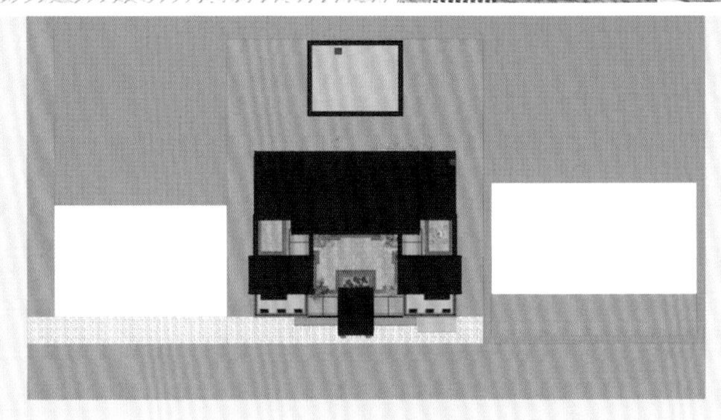

总平面图

南立面图

东立面图

北立面图

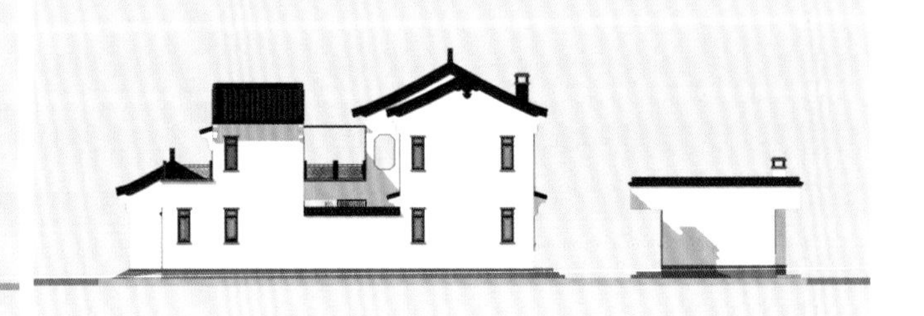

西立面图

北京延庆李家露台别墅

土建造价：70.20 万元

建筑面积：390.00 m²

占地面积：207.00 m²

面　　宽：18.50 m

进　　深：12.50 m

开间数量：4 开间

建筑层数：2 层

结构形式：砖混结构

建筑特征：有车库，有露台，坡屋顶，贴邻居，有庭院，北入口，北楼梯

北

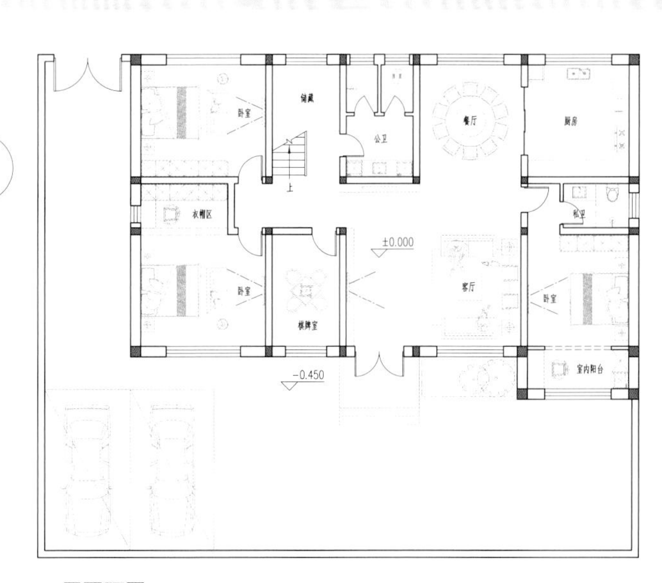

一层平面图

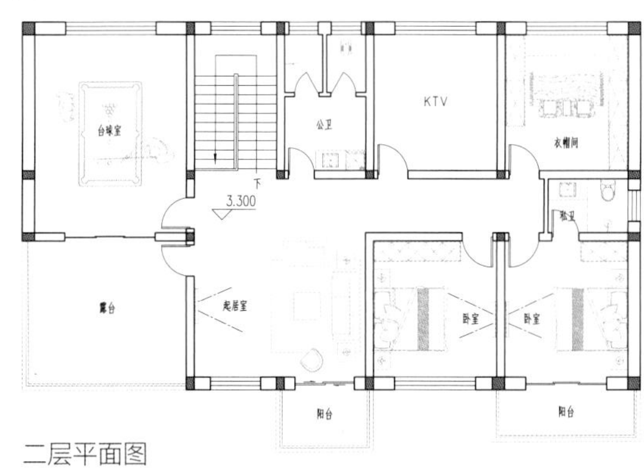

二层平面图

海南万宁王家新中式别墅

土建造价：72.00 万元

建筑面积：395.00 m^2

占地面积：133.00 m^2

面　　宽：12.20 m

进　　深：10.90 m

开间数量：3 开间

建筑层数：3 层

结构形式：框架结构

建筑特征：带地下室，有露台，坡屋顶，贴邻居，有庭院，东楼梯

总平面图

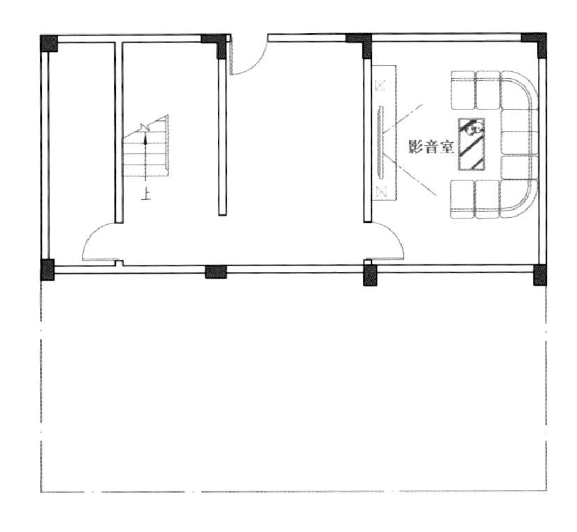

地下一层平面图

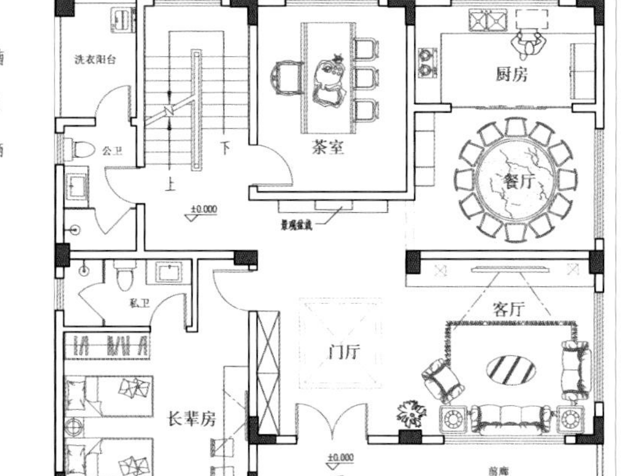

一层平面图

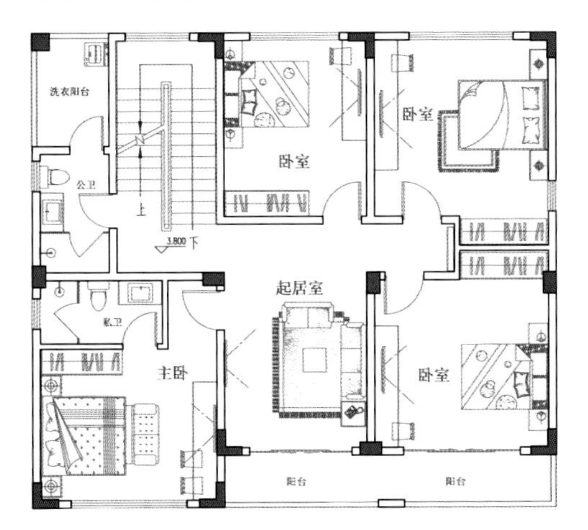

二层平面图

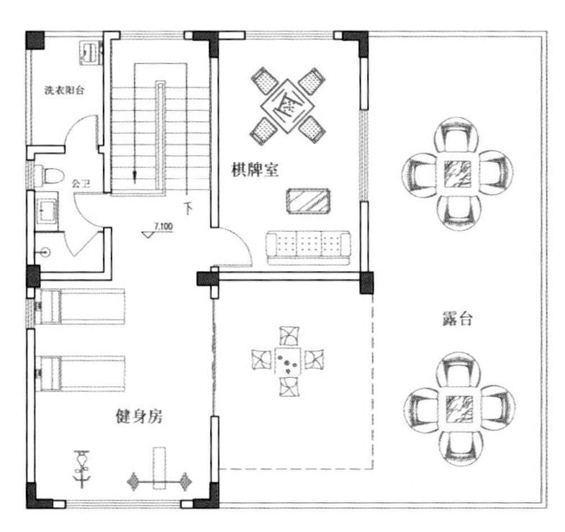

三层平面图

西北立面图

东南立面图

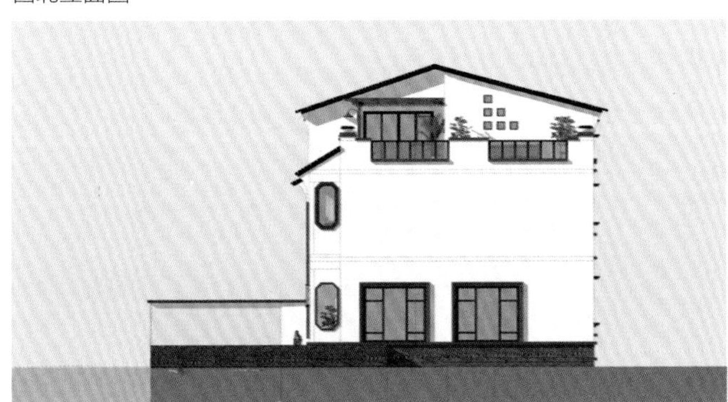

西南立面图

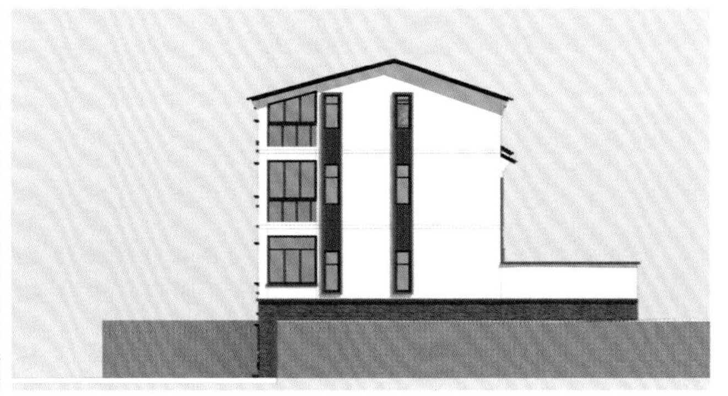

东北立面图

湖南常德周家新中式别墅

土建造价：90.50 万元

建筑面积：469.00 m^2

占地面积：203.00 m^2

面　　宽：18.80 m

进　　深：13.10 m

开间数量：4 开间

建筑层数：3 层

结构形式：砖混结构

建筑特征：有露台，坡屋顶，贴邻居，有庭院

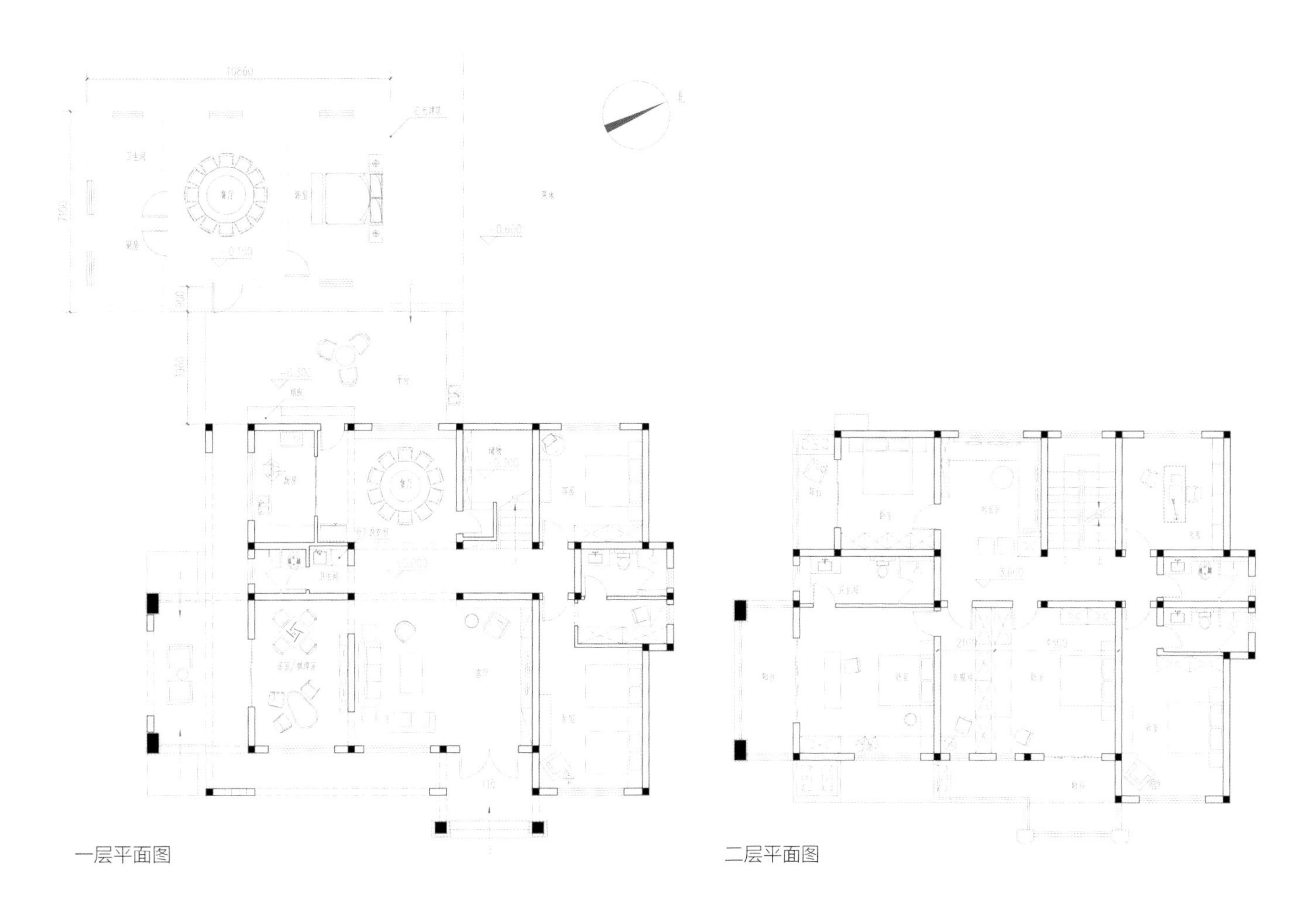

一层平面图

二层平面图

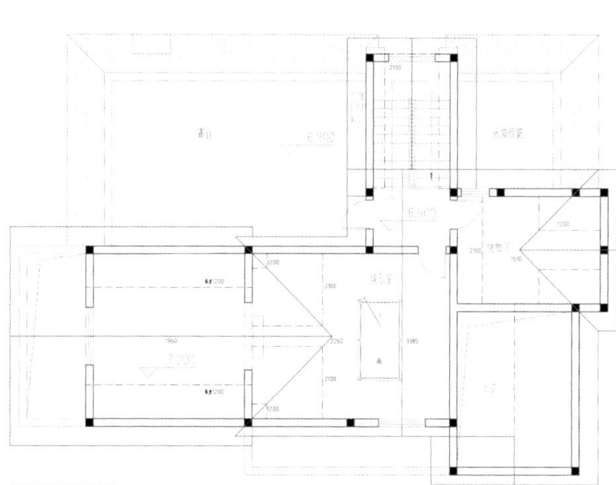

阁楼平面图

江西九江查家别墅

土建造价：65.00 万元

建筑面积：228.00 m^2

占地面积：132.00 m^2

面　　宽：16.10 m

进　　深：11.20 m

开间数量：3 开间

建筑层数：3 层

结构形式：砖混结构

建筑特征：有露台，坡屋顶，北入口，有天井

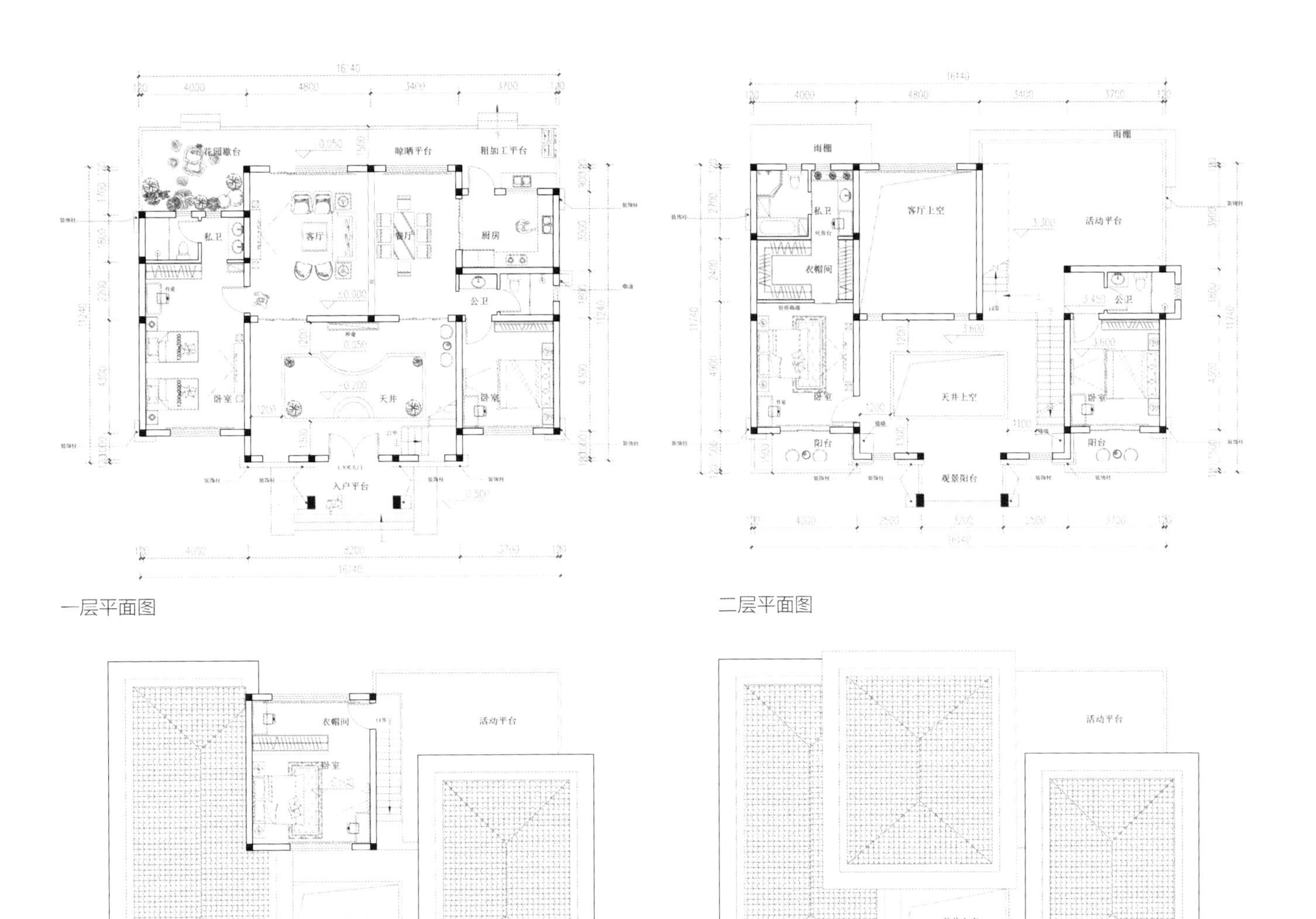

一层平面图

二层平面图

阁楼平面图

屋顶平面图

河北秦皇岛王家新中式合院

土建造价：52.00 万元

建筑面积：255.00 m^2

占地面积：218.00 m^2

面　　宽：13.80 m

进　　深：22.10 m

开间数量：3 开间

建筑层数：1 层

结构形式：砖混结构

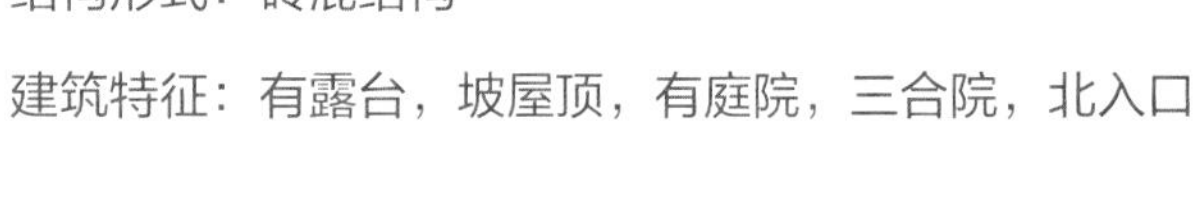

建筑特征：有露台，坡屋顶，有庭院，三合院，北入口

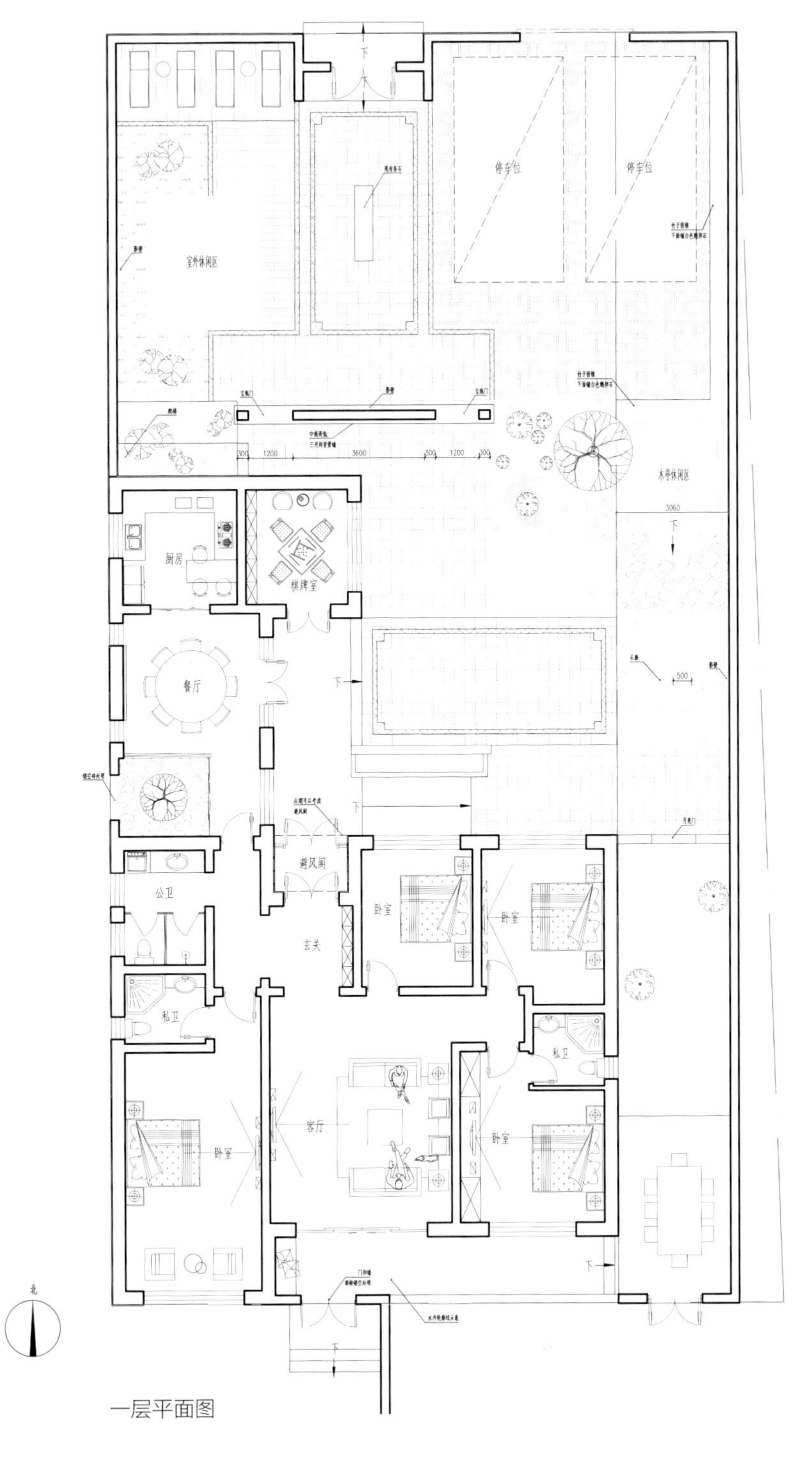

一层平面图

湖南长沙新中式别墅

土建造价：120.00 万元

建筑面积：560.00 m^2

占地面积：159.00 m^2

面　　宽：12.60 m

进　　深：12.60 m

开间数量：3 开间

建筑层数：4 层

结构形式：砖混结构

建筑特征：有露台，坡屋顶，有堂屋，贴邻居，有庭院，北入口，西楼梯，北楼梯

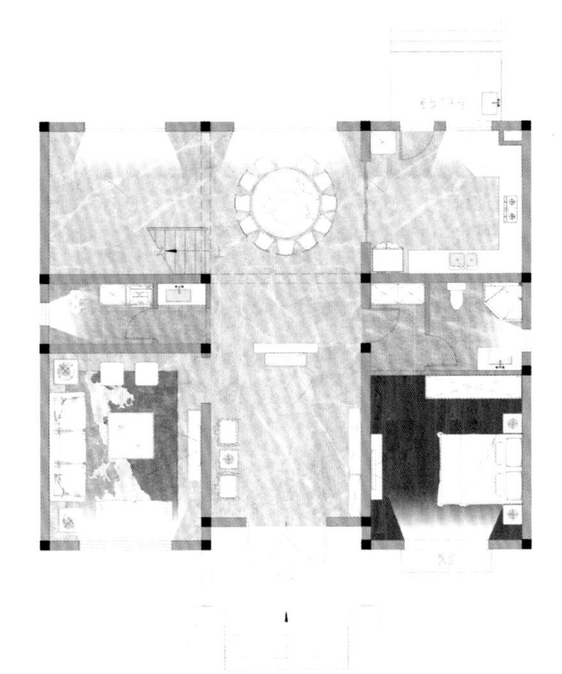

一层平面图

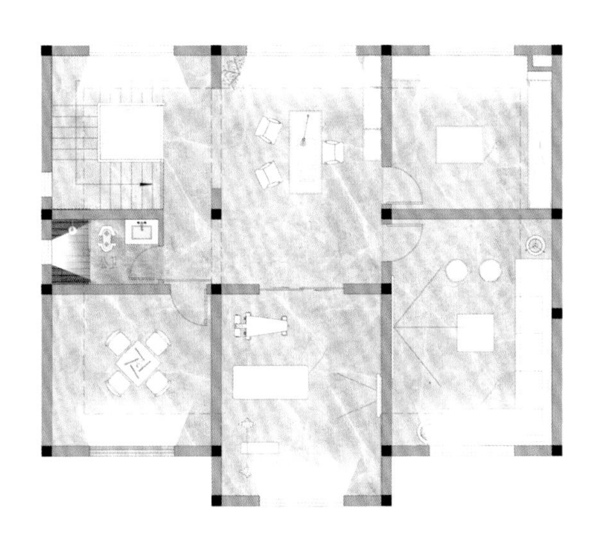

二层平面图

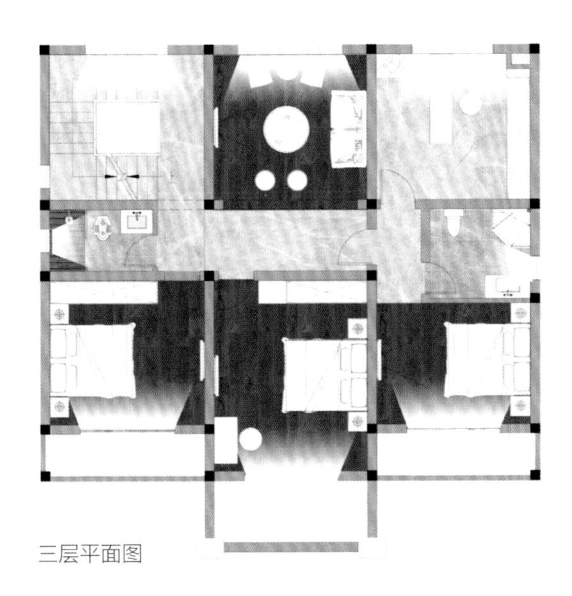

三层平面图

阁楼平面图

安徽合肥沈家新中式宅院

土建造价：81.00 万元

建筑面积：451.00 m^2

占地面积：278.00 m^2

面　　宽：15.60 m

进　　深：25.70 m

开间数量：5 开间

建筑层数：2 层

结构形式：砖混结构

建筑特征：有露台，平屋顶，坡屋顶，有堂屋，贴邻居，有庭院，三合院，东楼梯

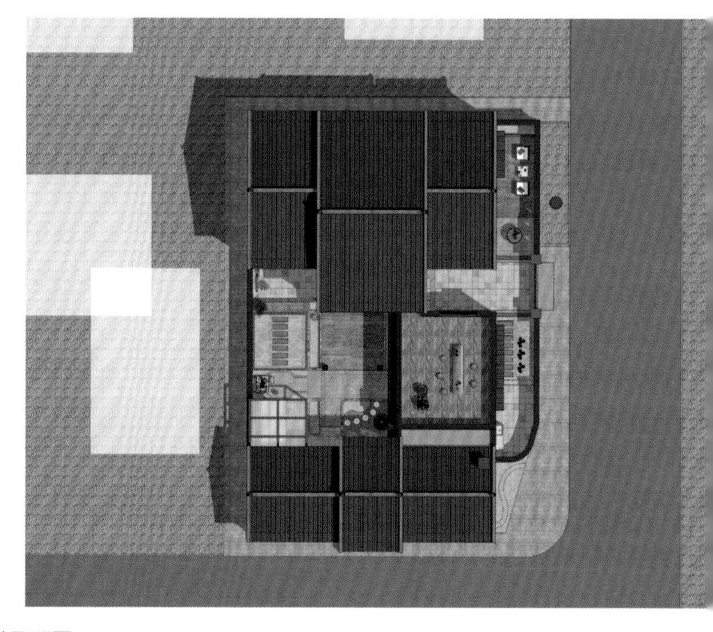

总平面图

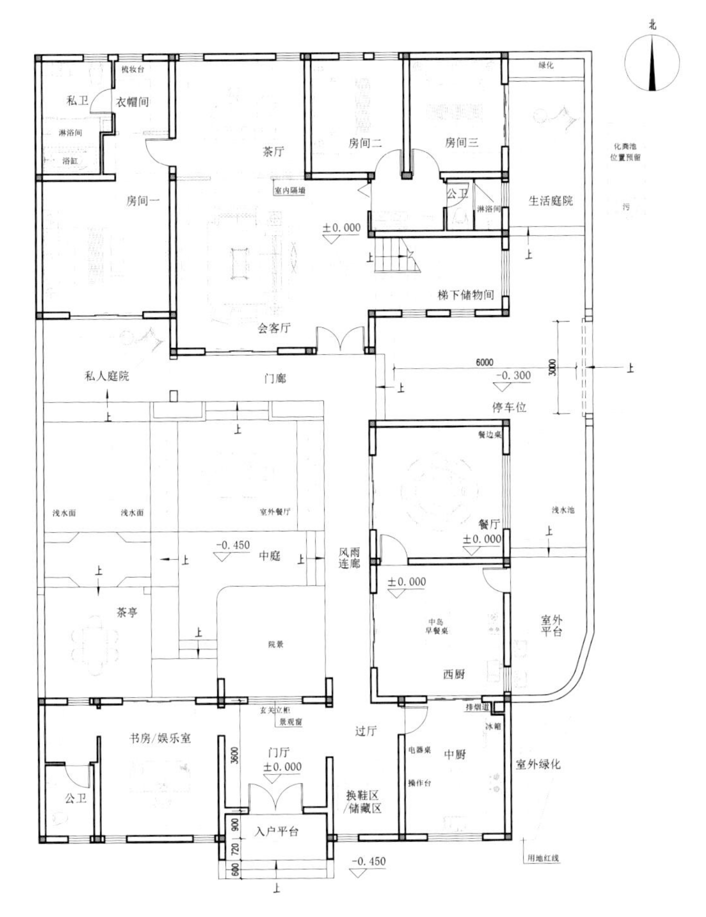

一层平面图

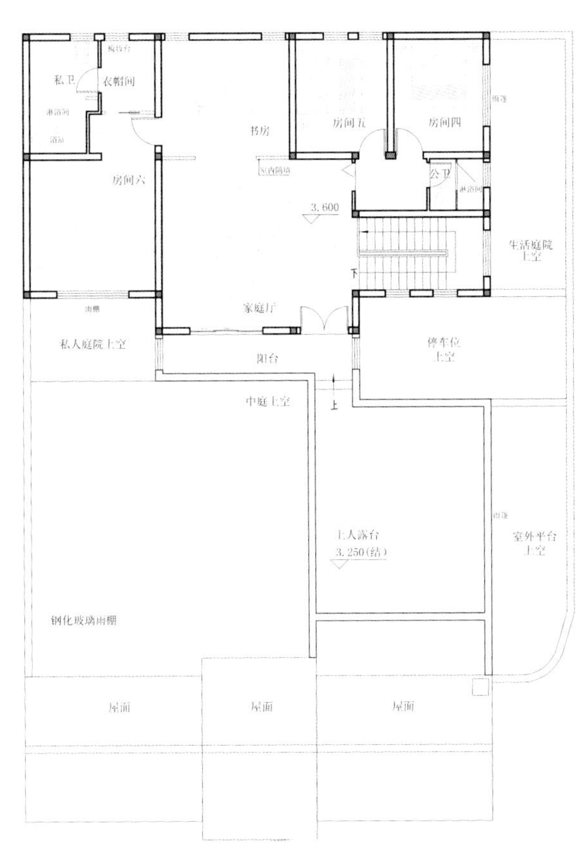

二层平面图

南立面图

东立面图

北立面图

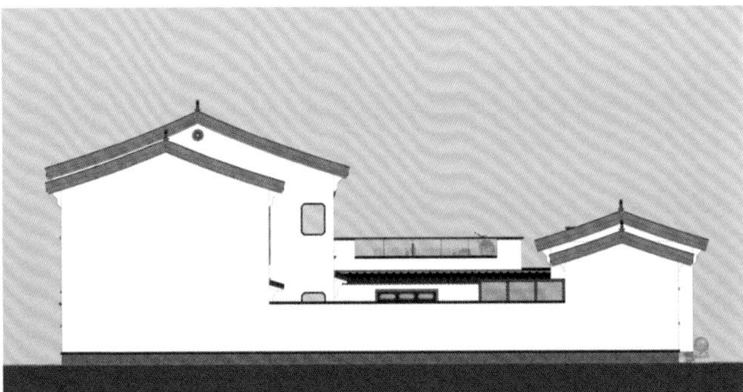

西立面图

广东惠州陈家新中式宅院别墅

土建造价：58.40 万元

建筑面积：270.00 m²

占地面积：133.00 m²

面　　宽：16.40 m

进　　深：12.20 m

开间数量：5 开间

建筑层数：2 层

结构形式：框架结构

建筑特征：有露台，坡屋顶，贴邻居，有庭院，南楼梯

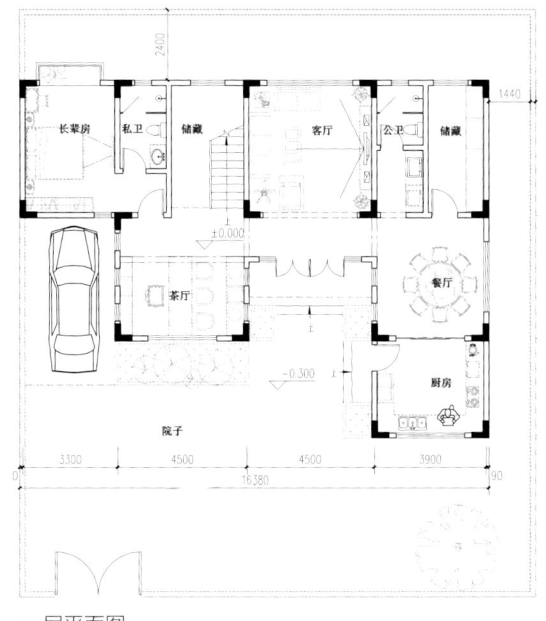

一层平面图

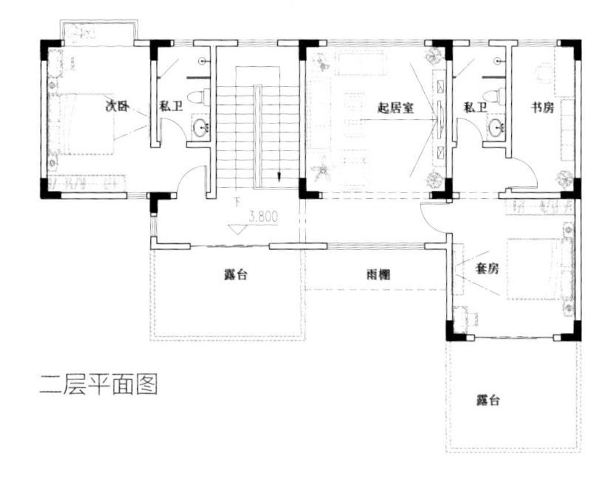

二层平面图

湖南娄底李家新中式别墅

土建造价：60.90 万元

建筑面积：326.00 m^2

占地面积：112.00 m^2

面　　宽：8.30 m

进　　深：16.00 m

开间数量：2 开间

建筑层数：3 层

结构形式：砖混结构

建筑特征：有露台，坡屋顶，贴邻居，有庭院，西楼梯

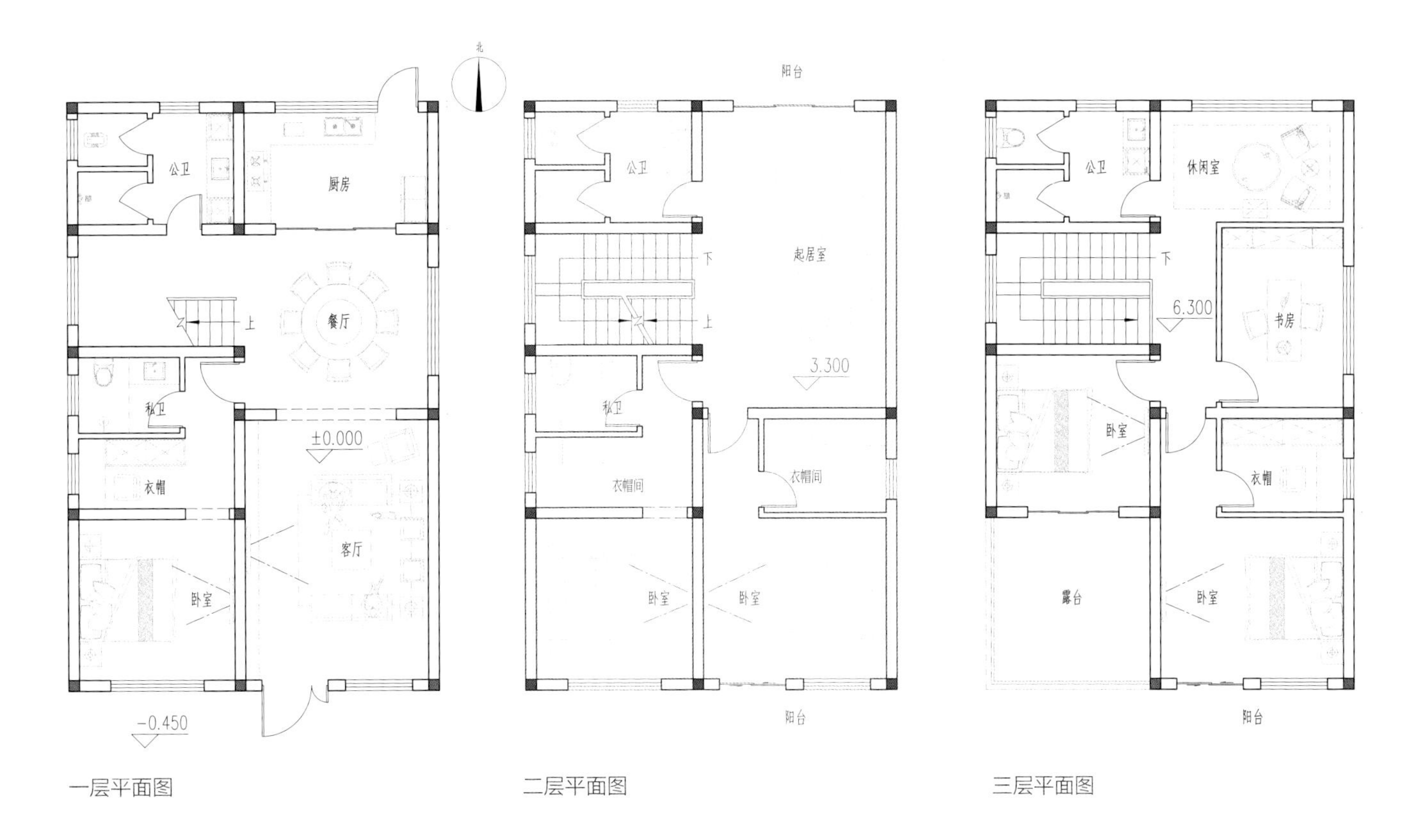

一层平面图　　二层平面图　　三层平面图

北京平谷徽派别墅

土建造价：68.90 万元

建筑面积：365.00 m^2

占地面积：165.00 m^2

面　　宽：14.10 m

进　　深：16.00 m

开间数量：3 开间

建筑层数：3 层

结构形式：框架结构

建筑特征：有露台，坡屋顶，贴邻居，有庭院，北楼梯

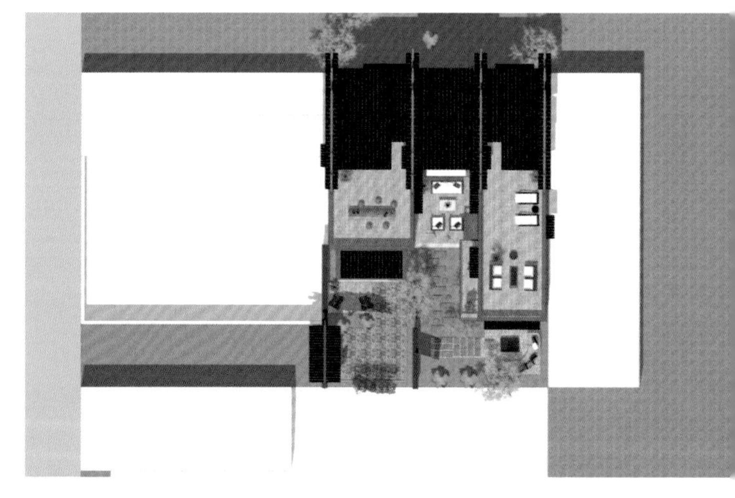

总平面图

南立面图

东立面图

北立面图

西立面图

河南洛阳甄家新中式别墅

土建造价：95.60 万元

建筑面积：530.00 m^2

占地面积：198.00 m^2

面　　宽：15.40 m

进　　深：13.30 m

开间数量：5 开间

建筑层数：3 层

结构形式：砖混结构

建筑特征：有露台，坡屋顶，有庭院，北楼梯

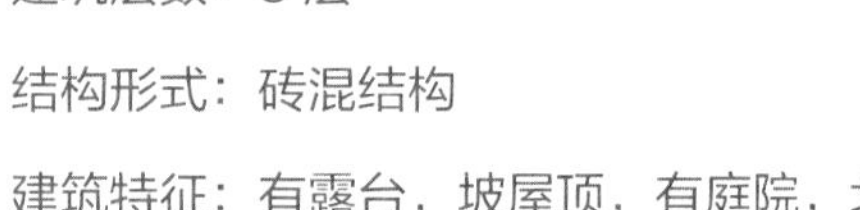

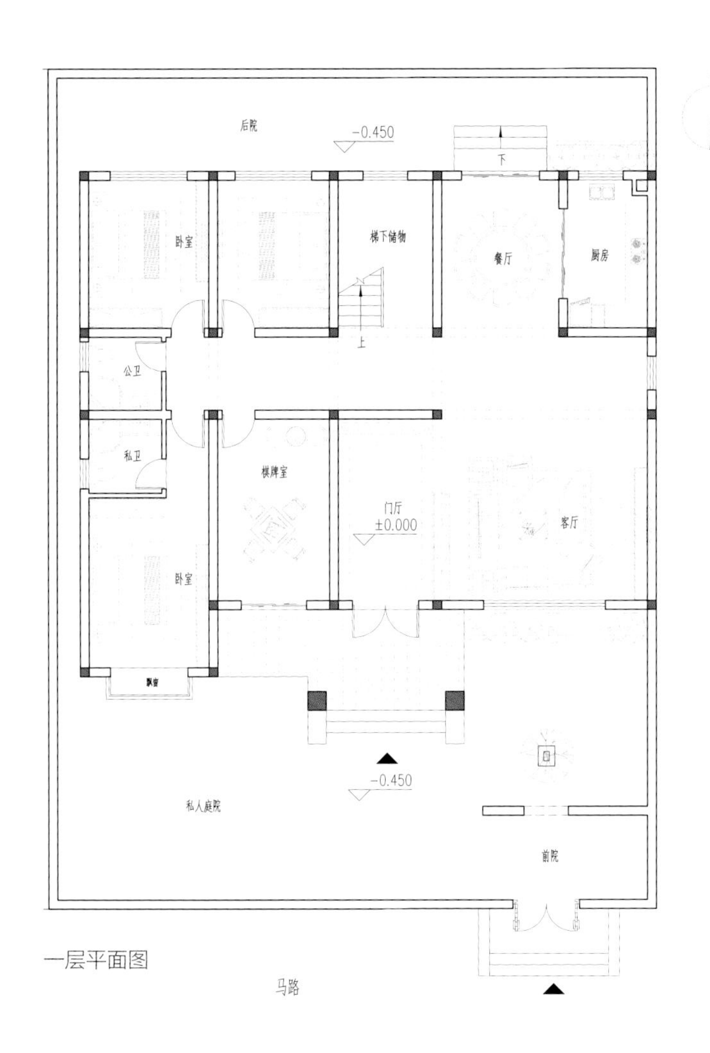

一层平面图

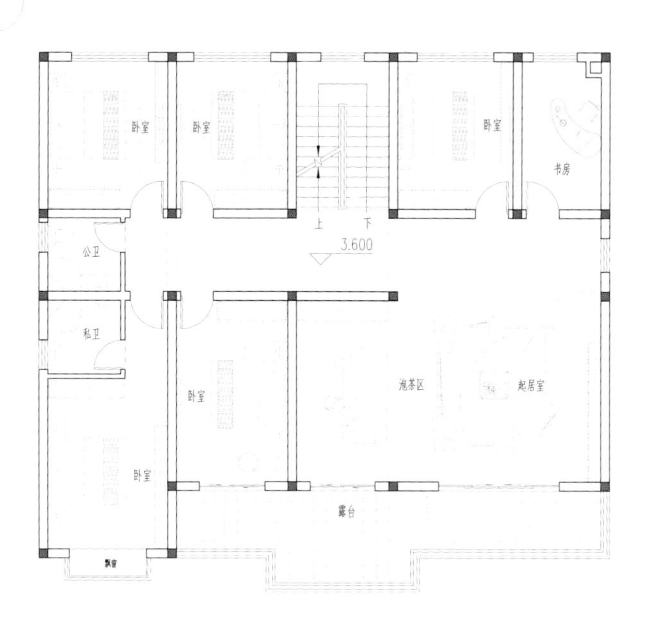

二层平面图

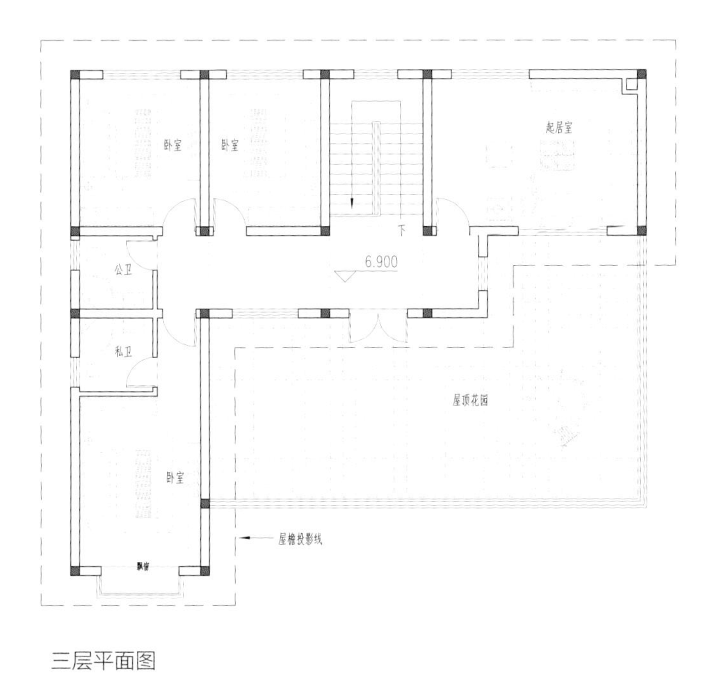

三层平面图

湖北襄阳王家新中式合院

土建造价：45.90 万元

建筑面积：192.00 m^2

占地面积：192.00 m^2

面　　宽：14.60 m

进　　深：24.50 m

开间数量：3 开间

建筑层数：1 层

结构形式：砖混结构

建筑特征：有车库，有露台，有堂屋，贴邻居，有庭院

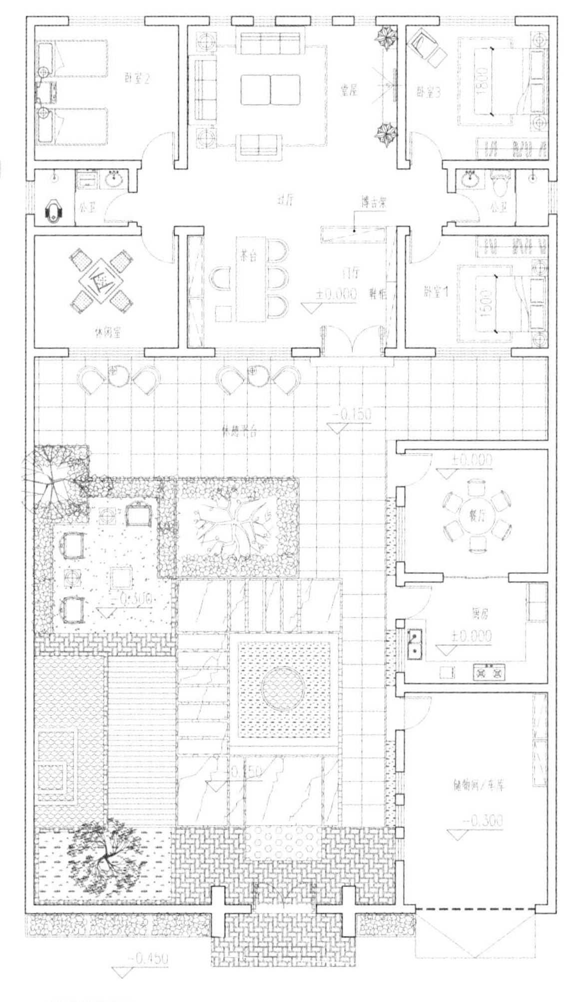

一层平面图

安徽安庆朱家新中式别墅

土建造价：85.90 万元

建筑面积：438.00 m^2

占地面积：170.00 m^2

面　　宽：17.00 m

进　　深：14.00 m

开间数量：4 开间

建筑层数：3 层

结构形式：框架结构

建筑特征：有露台，坡屋顶，贴邻居，北楼梯

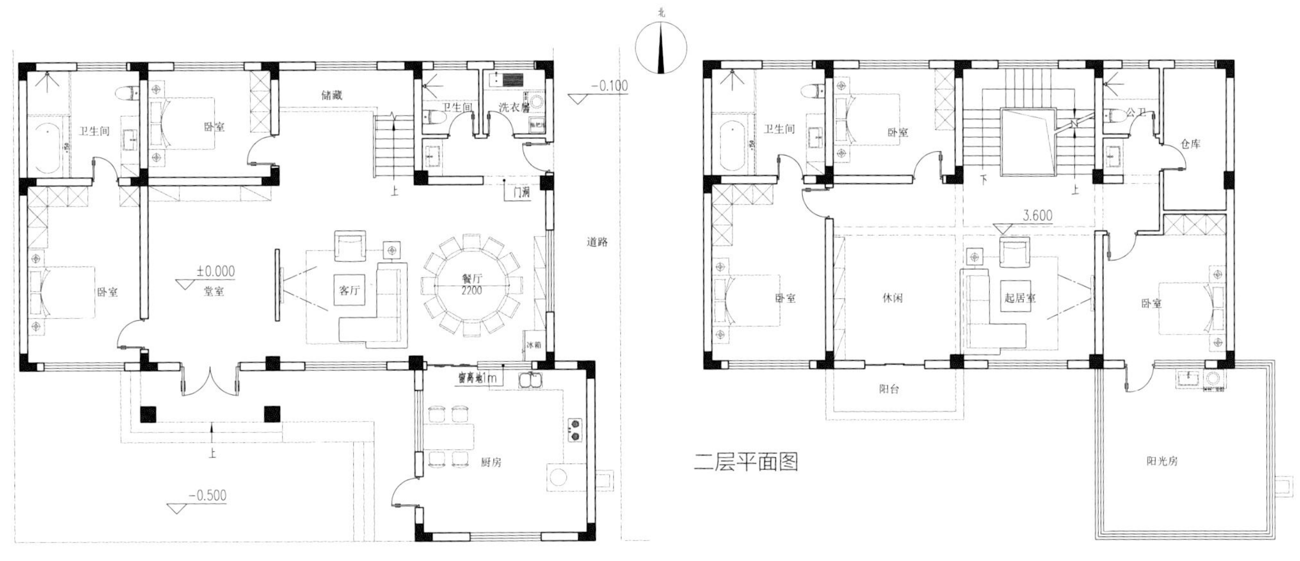

一层平面图

二层平面图

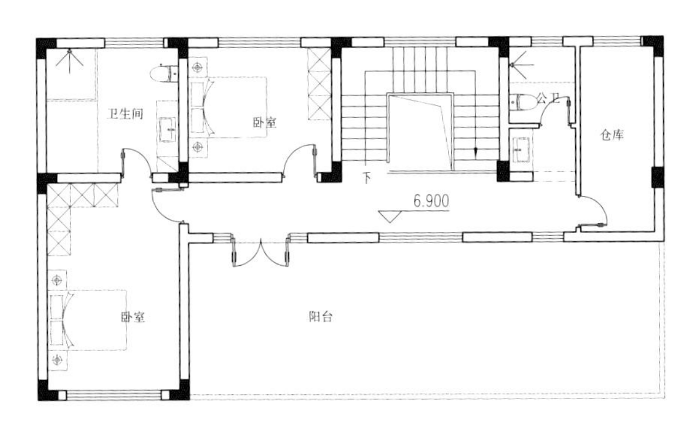

三层平面图

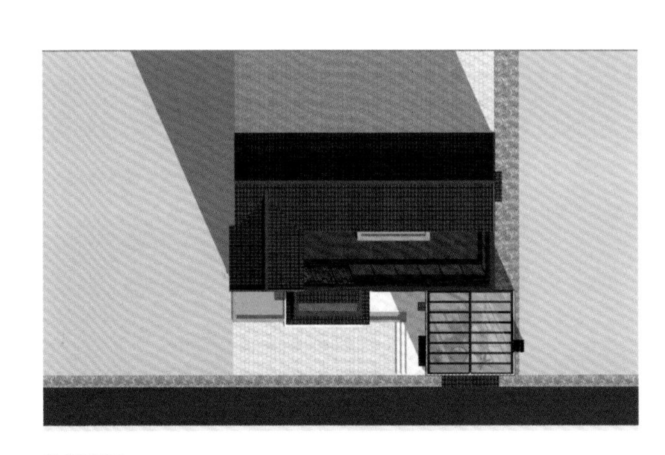

总平面图

南立面图

东立面图

北立面图

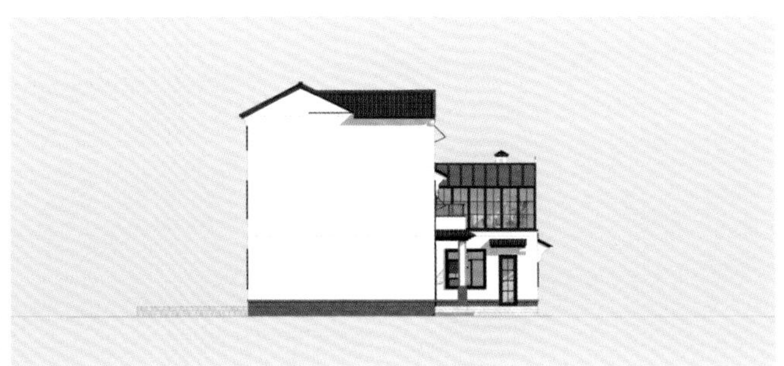

西立面图

湖南长沙刘家新中式别墅

土建造价：105.00 万元

建筑面积：579.00 m^2

占地面积：271.00 m^2

面　　宽：24.00 m

进　　深：12.00 m

开间数量：5 开间

建筑层数：3 层

结构形式：砖混结构

建筑特征：有车库，有露台，平屋顶，坡屋顶，有庭院，北楼梯

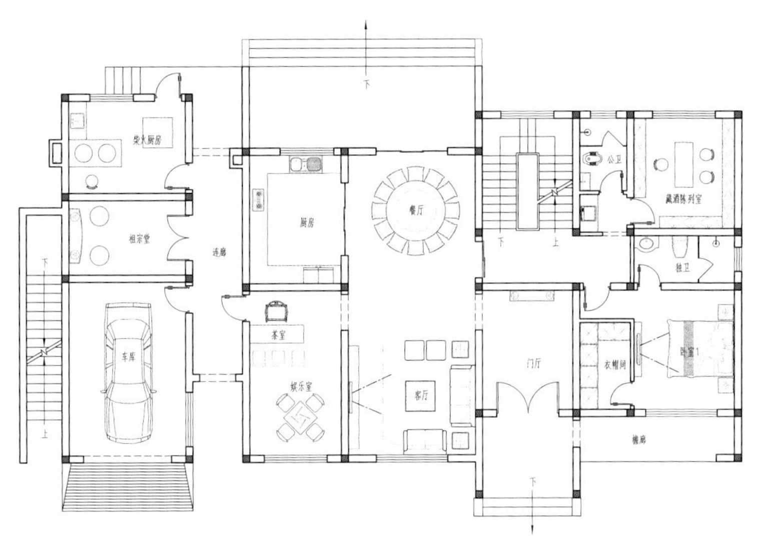

一层平面图

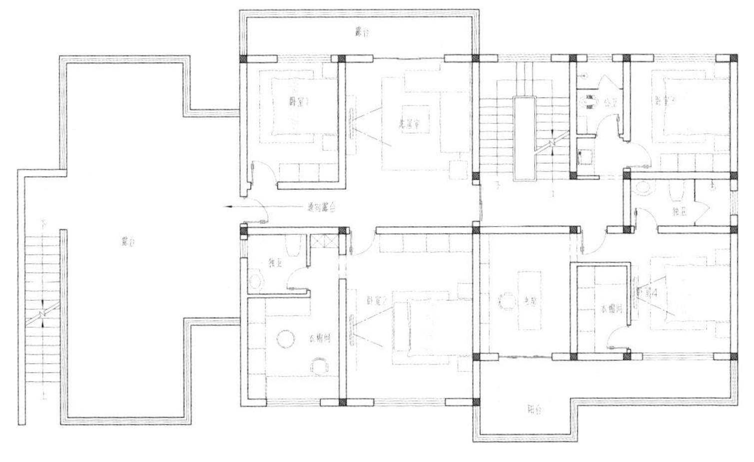

二层平面图

阁楼平面图

四川绵阳陈家新中式合院

土建造价：30.00 万元

建筑面积：150.00 m^2

占地面积：150.00 m^2

面　　宽：17.70 m

进　　深：12.70 m

开间数量：4 开间

建筑层数：1 层

结构形式：砖混结构

建筑特征：坡屋顶，贴邻居，有庭院，三合院，西楼梯，北楼梯

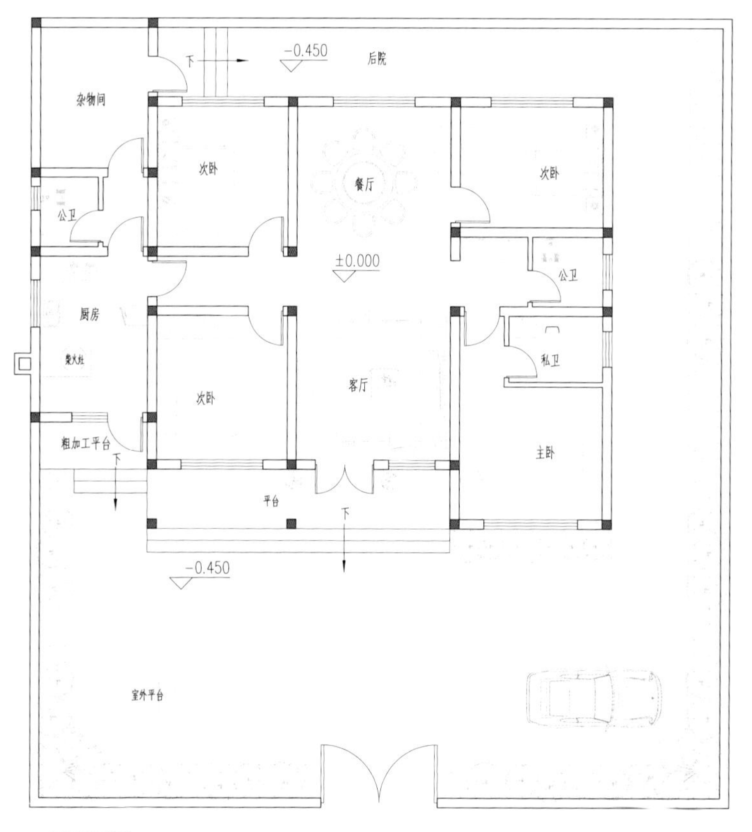

一层平面图

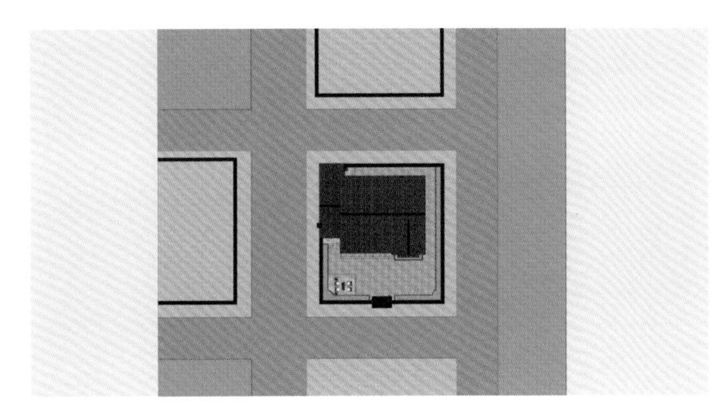

总平面图

南立面图

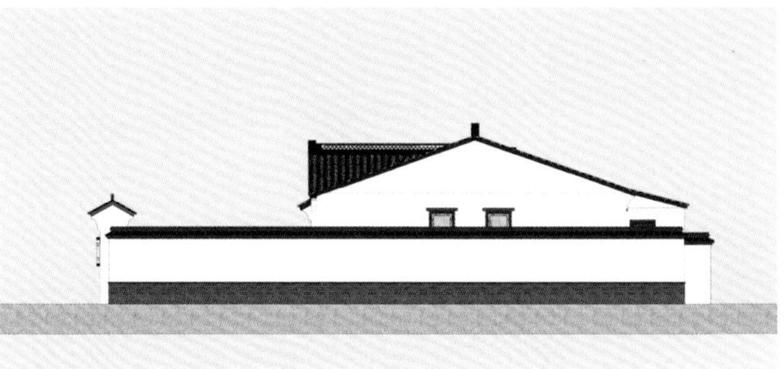

东立面图

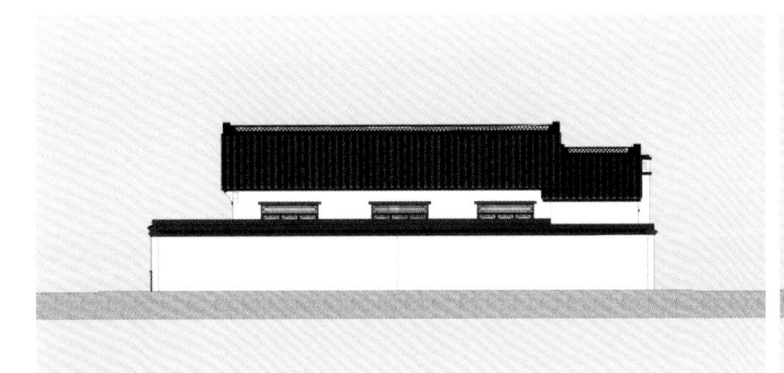

北立面图

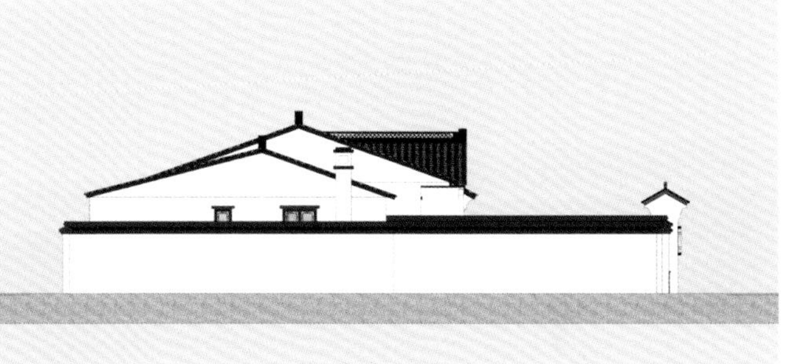

西立面图

安徽池州钱家新中式别墅

土建造价：82.00 万元

建筑面积：457.00 m^2

占地面积：166.00 m^2

面　　宽：15.70 m

进　　深：12.20 m

开间数量：3 开间

建筑层数：3 层

结构形式：框架结构

建筑特征：有露台，坡屋顶，北楼梯

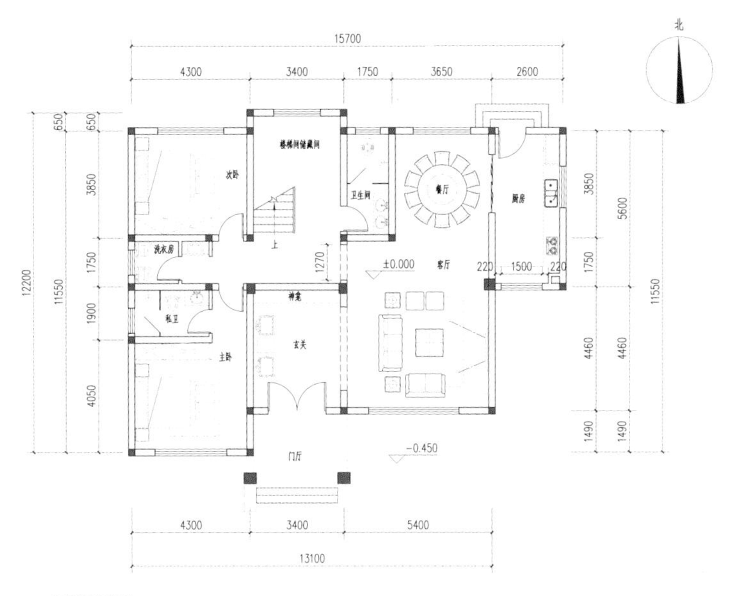

一层平面图

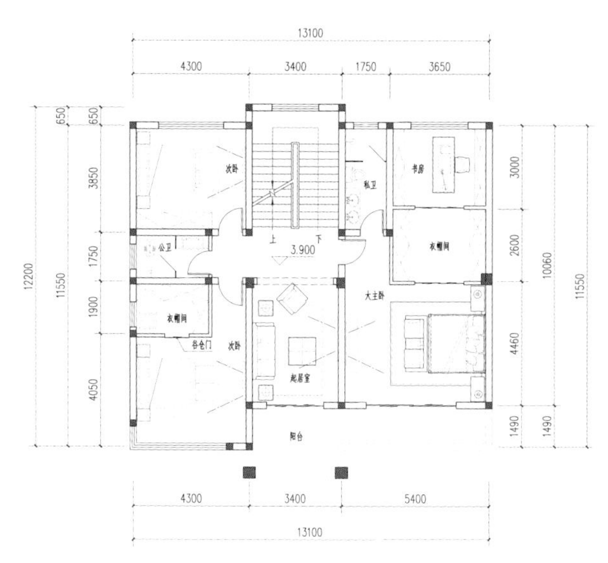

二层平面图

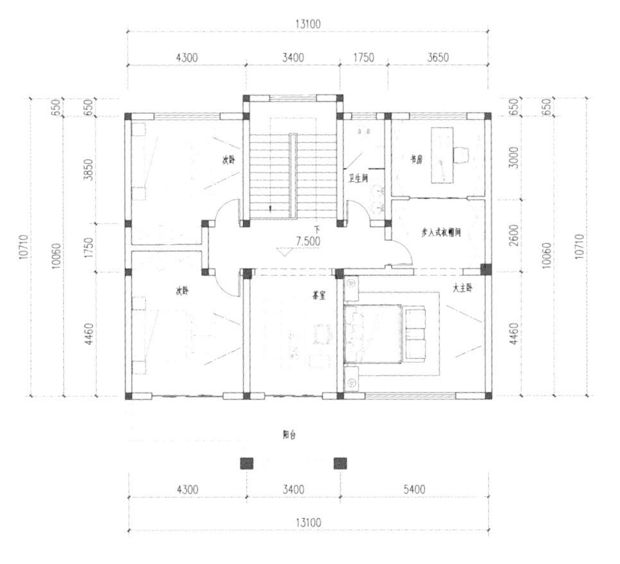

三层平面图

四川巴中黄家别墅

土建造价：60.00 万元

建筑面积：324.00 m^2

占地面积：147.00 m^2

面　　宽：23.00 m

进　　深：9.50 m

开间数量：7 开间

建筑层数：3 层

结构形式：砖混结构

建筑特征：有露台，坡屋顶，贴邻居，有庭院，有土灶，东楼梯

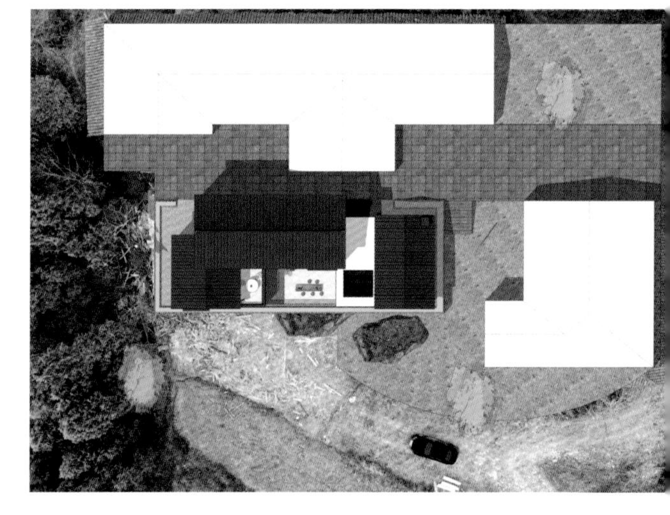

总平面图

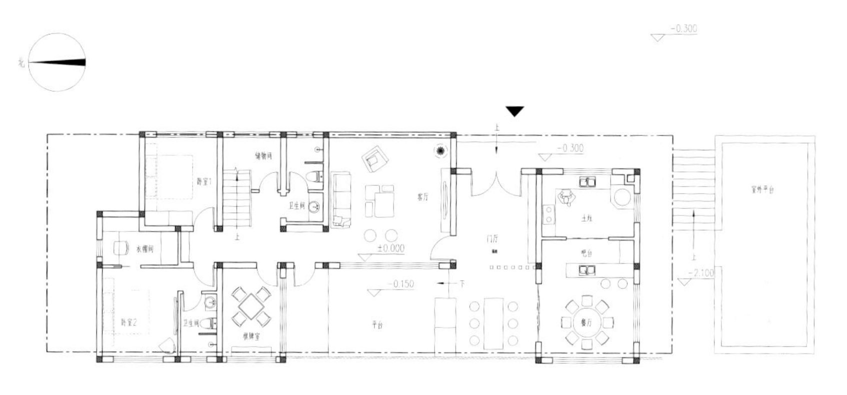

一层平面图

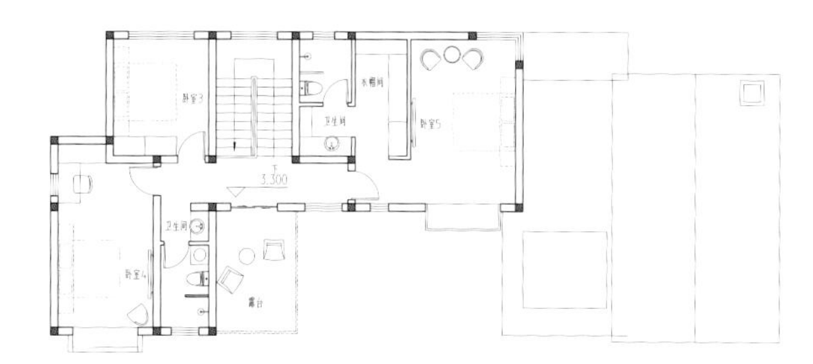

二层平面图

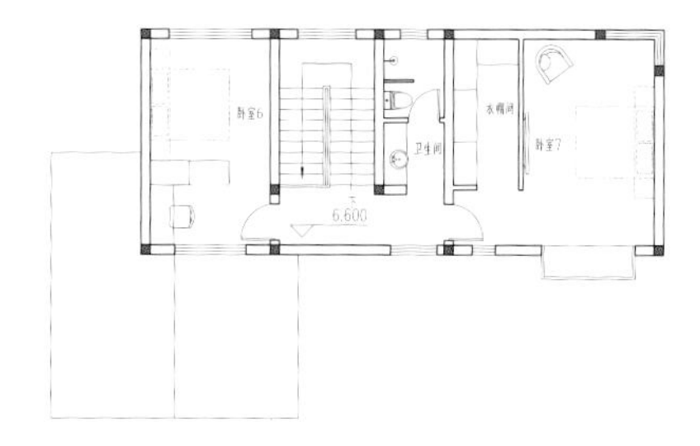

三层平面图

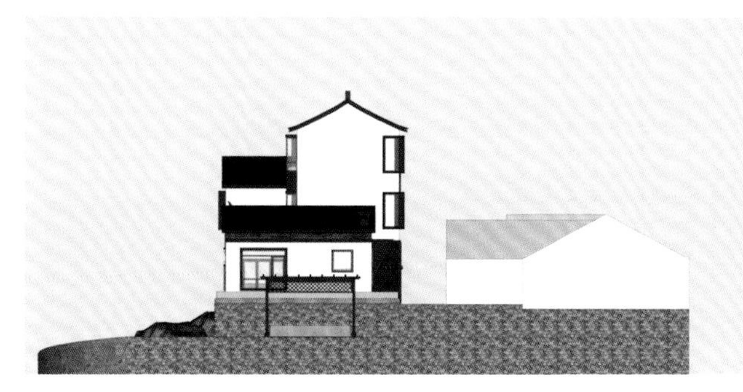

南立面图

东立面图

北立面图

西立面图

海南万宁邓家新中式别墅

土建造价：60.00 万元

建筑面积：335.00 m^2

占地面积：155.00 m^2

面　　宽：15.50 m

进　　深：15.50 m

开间数量：3 开间

建筑层数：3 层

结构形式：砖混结构

建筑特征：有露台，平屋顶，坡屋顶，有堂屋，有庭院，西楼梯

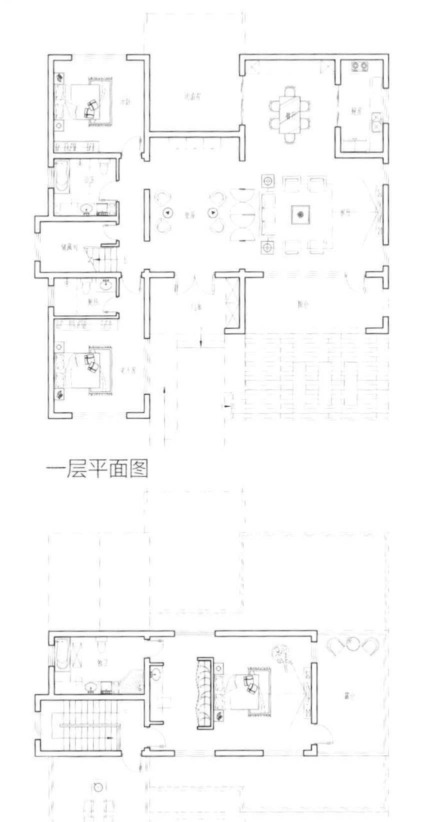

一层平面图

二层平面图

阁楼平面图

中式合院风格

院子里的极品，自然是中式合院，其地位长盛不衰。中式建筑的美，可以跨越时间的长河。一墙一垣，一框一景，一檐一瓦，一梁一栋，均可展现建筑风骨。

中式建筑，隐而不显，却追求审美的极致，讲究正统的格局、至高的礼序。讲求“中国魂、正统礼、江南形”，达到宅院合一、天人合一的美学境界。

无论是胸怀寰宇的隐贵，还是焚香、品茗、听雨、赏雪、候月、酌酒、莳花的市井人，都能在中式合院找到自己的精神原乡。

湖南岳阳周家中式三合院别墅

土建造价：58.00 万元

建筑面积：181.83 m^2

占地面积：169.80 m^2

面　　宽：20.24 m

进　　深：17.40 m

开间数量：5 开间

建筑层数：1 层

结构形式：砖混结构

建筑特征：坡屋顶，有庭院，三合院

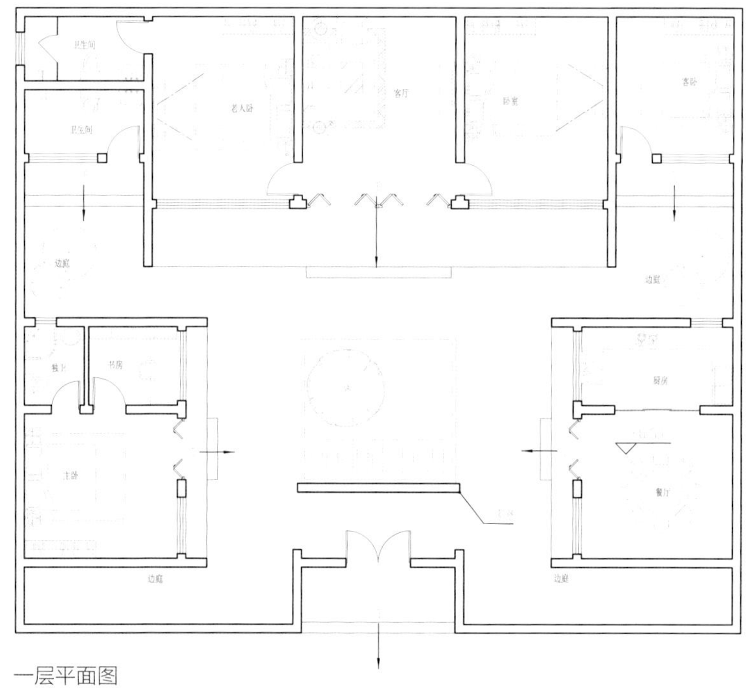

一层平面图

南立面图

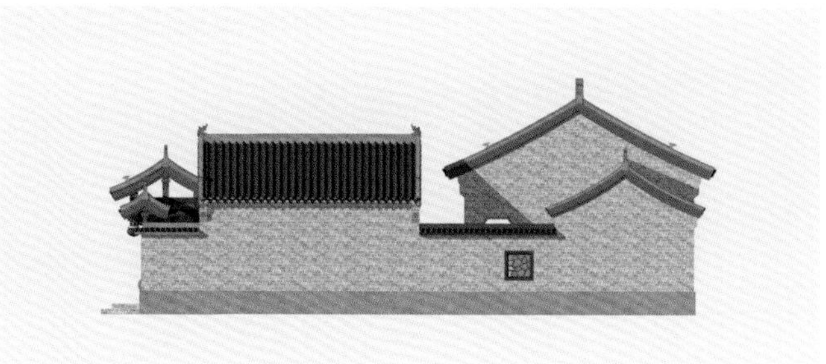

东立面图

北立面图

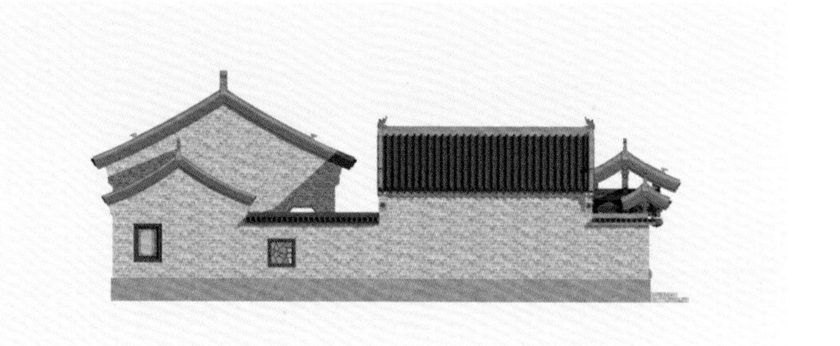

西立面图

河北保定张家中式别墅

土建造价：102.50 万元

建筑面积：508.00 m^2

占地面积：243.00 m^2

面　　宽：14.60 m

进　　深：37.70 m

开间数量：4 开间

建筑层数：2 层

结构形式：框架结构

建筑特征：坡屋顶，贴邻居，有庭院，北楼梯

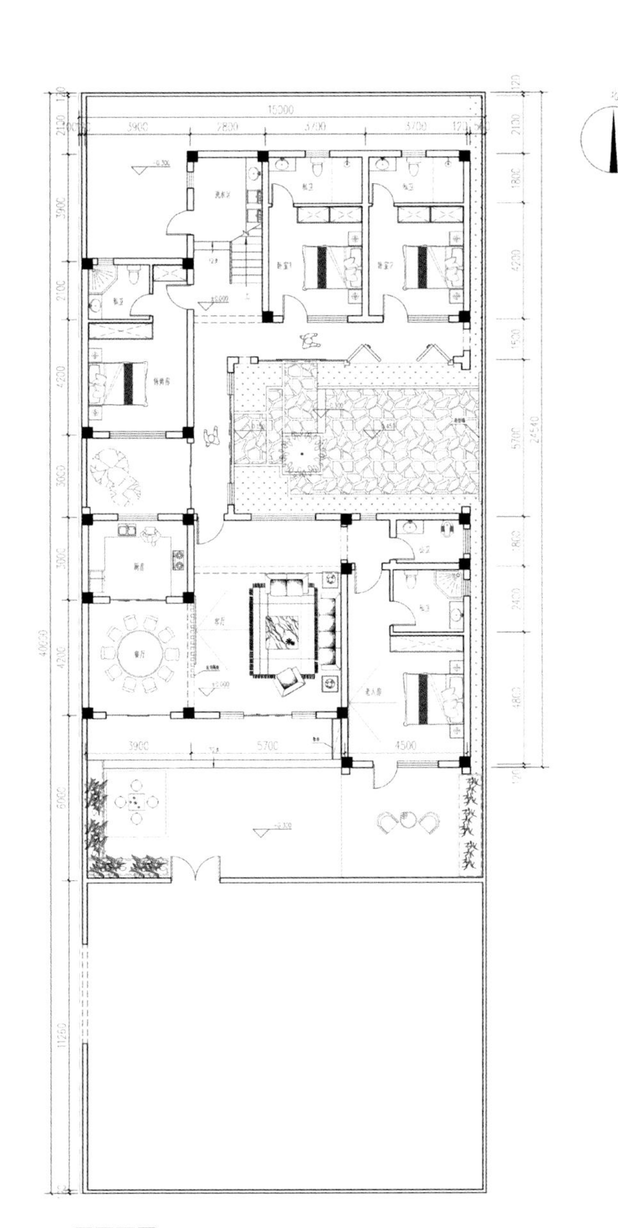

一层平面图

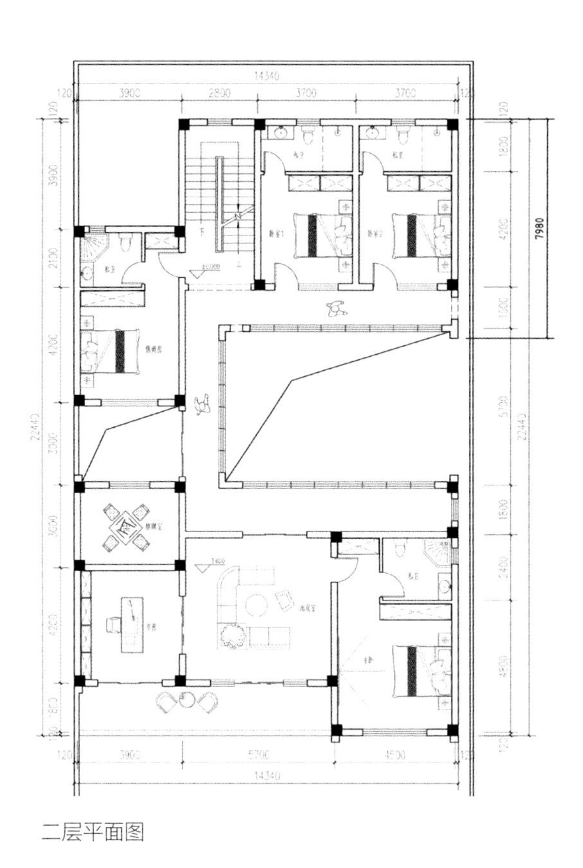

二层平面图

湖北黄冈吴家中式宅院

土建造价：62.20 万元

建筑面积：229.00 m^2

占地面积：105.12 m^2

面　　宽：10.00 m

进　　深：15.00 m

开间数量：3 开间

建筑层数：2 层

结构形式：砖混结构

建筑特征：有露台，坡屋顶，有庭院

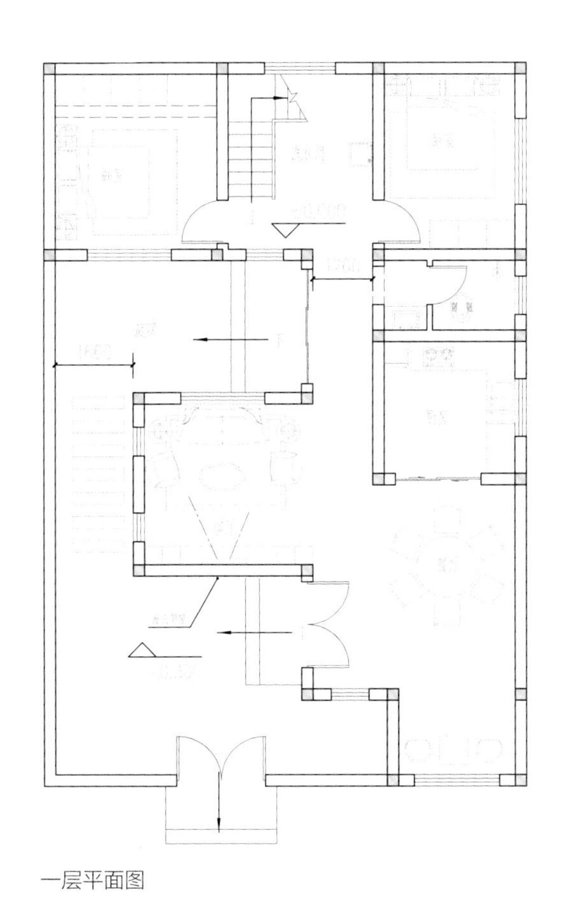

一层平面图

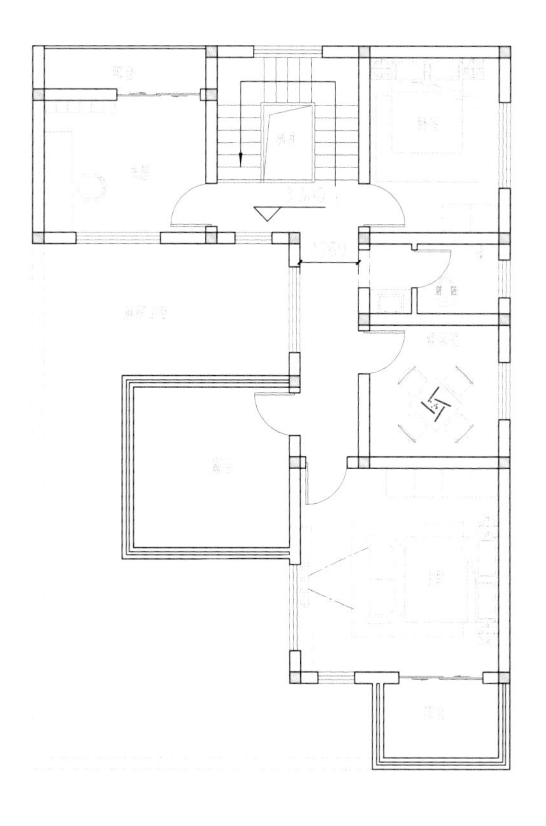

二层平面图

安徽阜阳吕家中式三合院

土建造价：96.00 万元

建筑面积：366.00 m^2

占地面积：200.00 m^2

面　　宽：25.10 m

进　　深：17.30 m

开间数量：5 开间

建筑层数：2 层

结构形式：砖混结构

建筑特征：坡屋顶，有庭院，三合院，有土灶

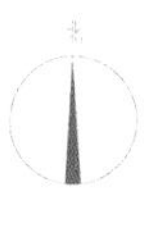

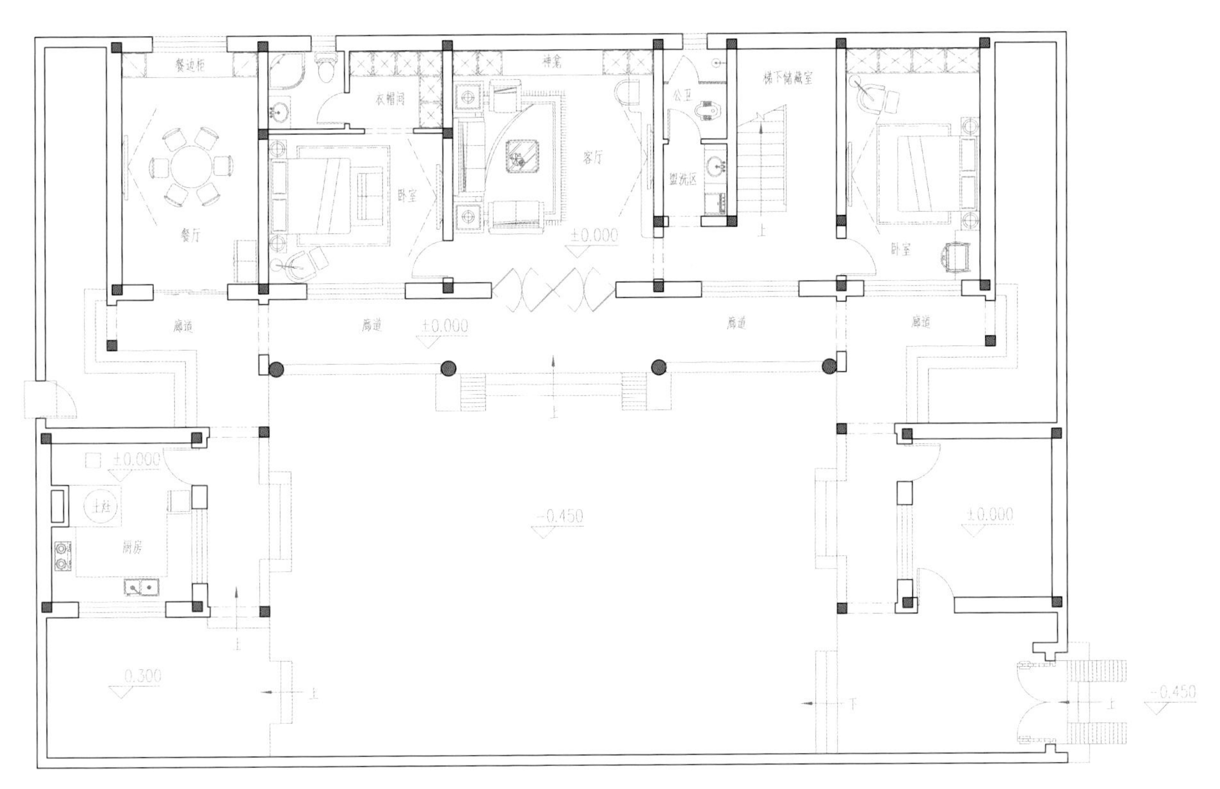
餐边柜
神龛
衣帽间
公卫
楼下储藏室
卧室
客厅
盥洗区
餐厅
±0.000
卧室
廊道
廊道
±0.000
廊道
廊道
±0.000
厨房
-0.450
±0.000
-0.300
-0.450

一层平面图

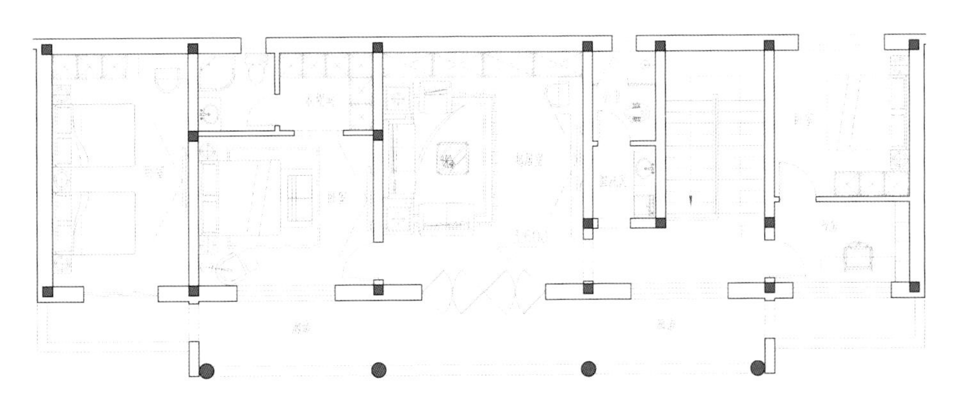

二层平面图

安徽淮北彭家四合院

土建造价：116.90 万元

建筑面积：549.00 m^2

占地面积：549.00 m^2

面　　宽：26.00 m

进　　深：37.00 m

开间数量：5 开间

建筑层数：1 层

结构形式：砖混结构

建筑特征：有露台，坡屋顶，
有堂屋，有庭院，四合院

南立面图

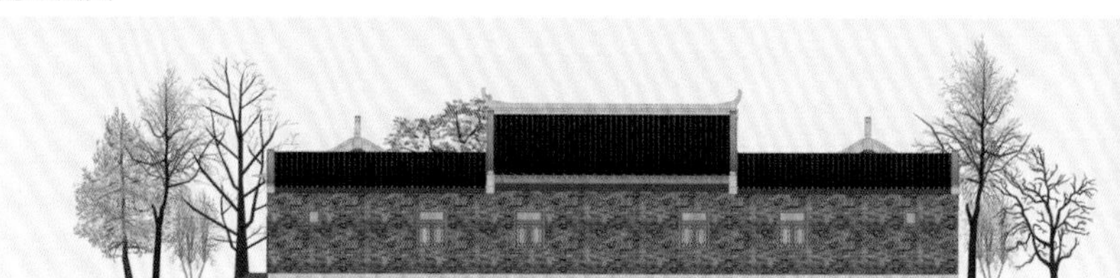

北立面图

东立面图

西立面图

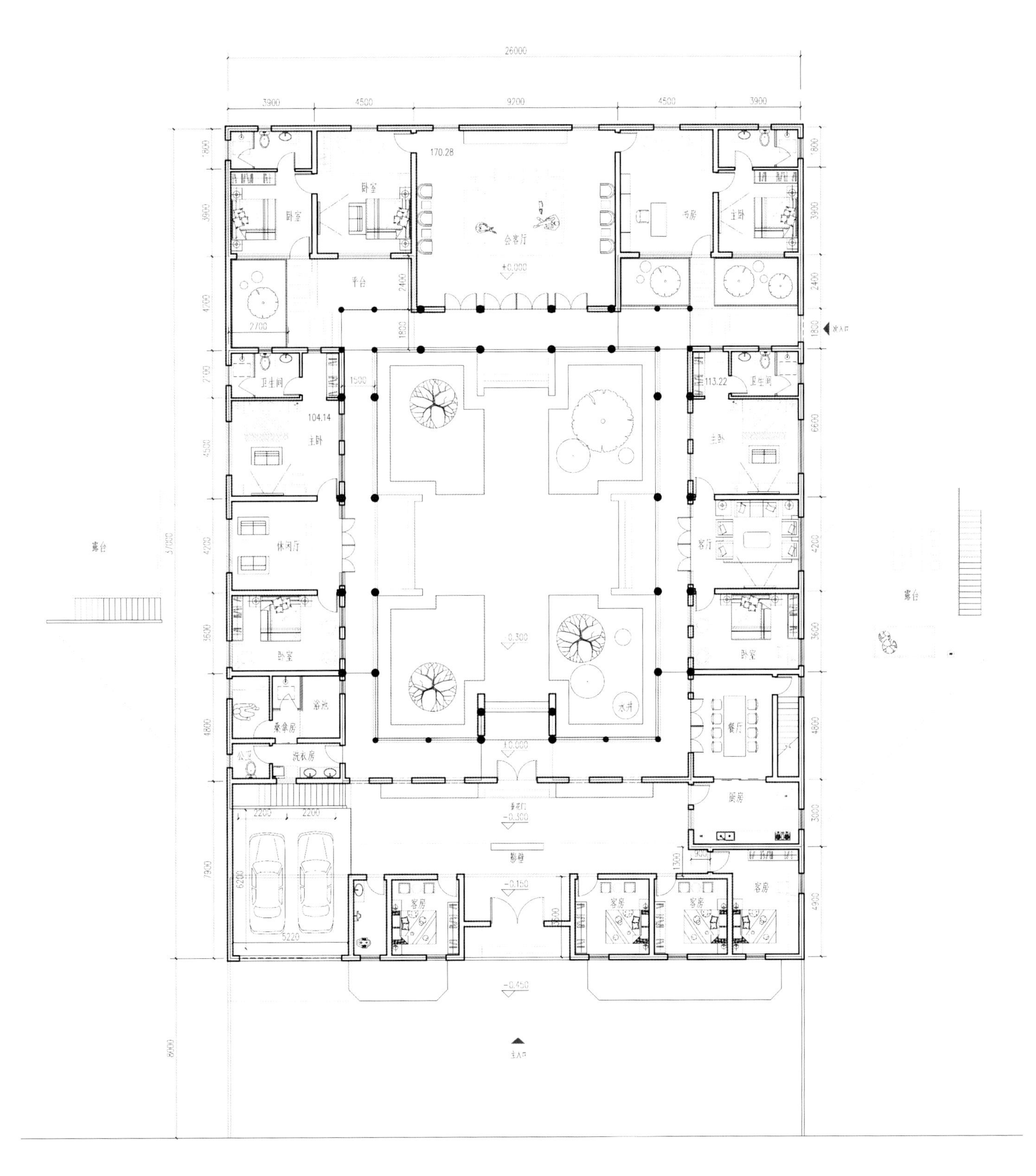

一层平面图

江苏南通刘家苏派三合院

土建造价：80.00 万元	面　宽：19.50 m	建筑层数：2 层
建筑面积：396.00 m^2	进　深：23.00 m	结构形式：砖混结构
占地面积：451.43 m^2	开间数量：3 开间	建筑特征：坡屋顶，有堂屋，三合院

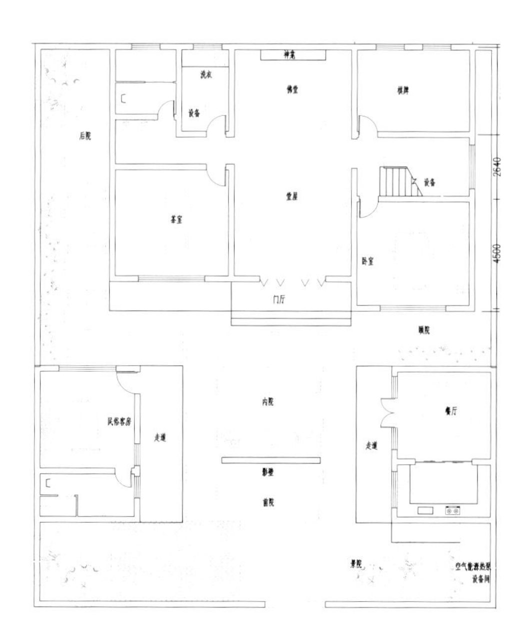

一层平面图

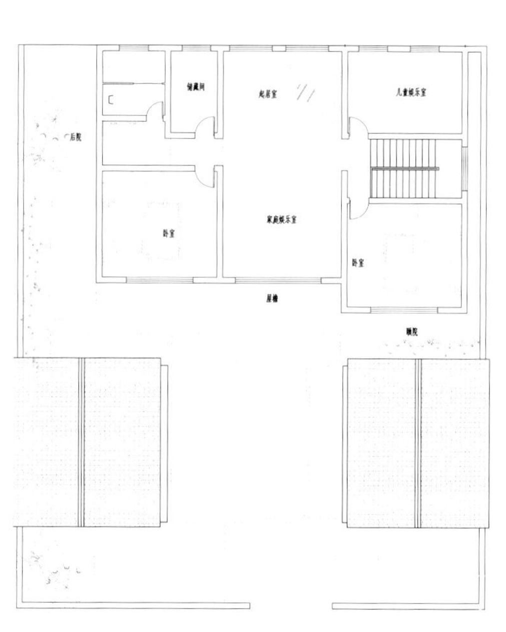

二层平面图

湖南长沙浏阳李家中式合院

土建造价：46.10 万元

建筑面积：279.00 m^2

占地面积：279.00 m^2

面　　宽：24.40 m

进　　深：18.40 m

开间数量：5 开间

建筑层数：1 层

结构形式：砖混结构

建筑特征：坡屋顶，贴邻居，有庭院，三合院

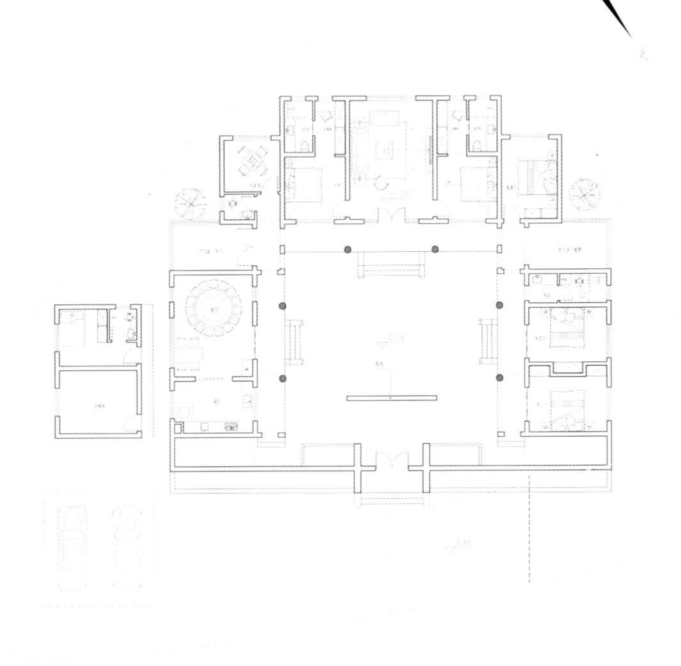

一层平面图

河北涿州齐家中式三合院

土建造价：63.70 万元

建筑面积：264.00 m^2

占地面积：161.00 m^2

面　　宽：14.80 m

进　　深：14.80 m

开间数量：4 开间

建筑层数：2 层

结构形式：砖混结构

建筑特征：坡屋顶，贴邻居，有庭院，三合院

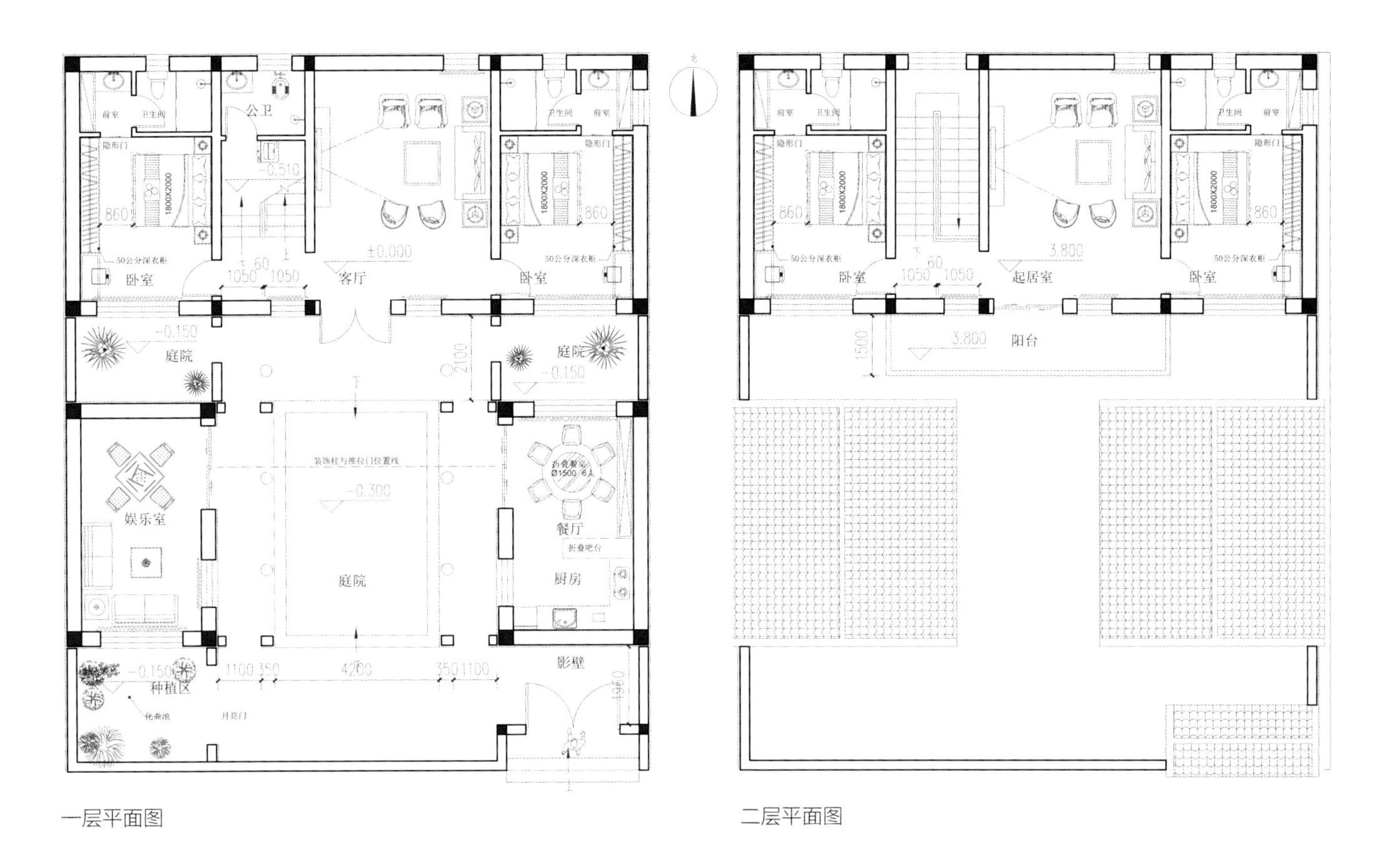

一层平面图

二层平面图

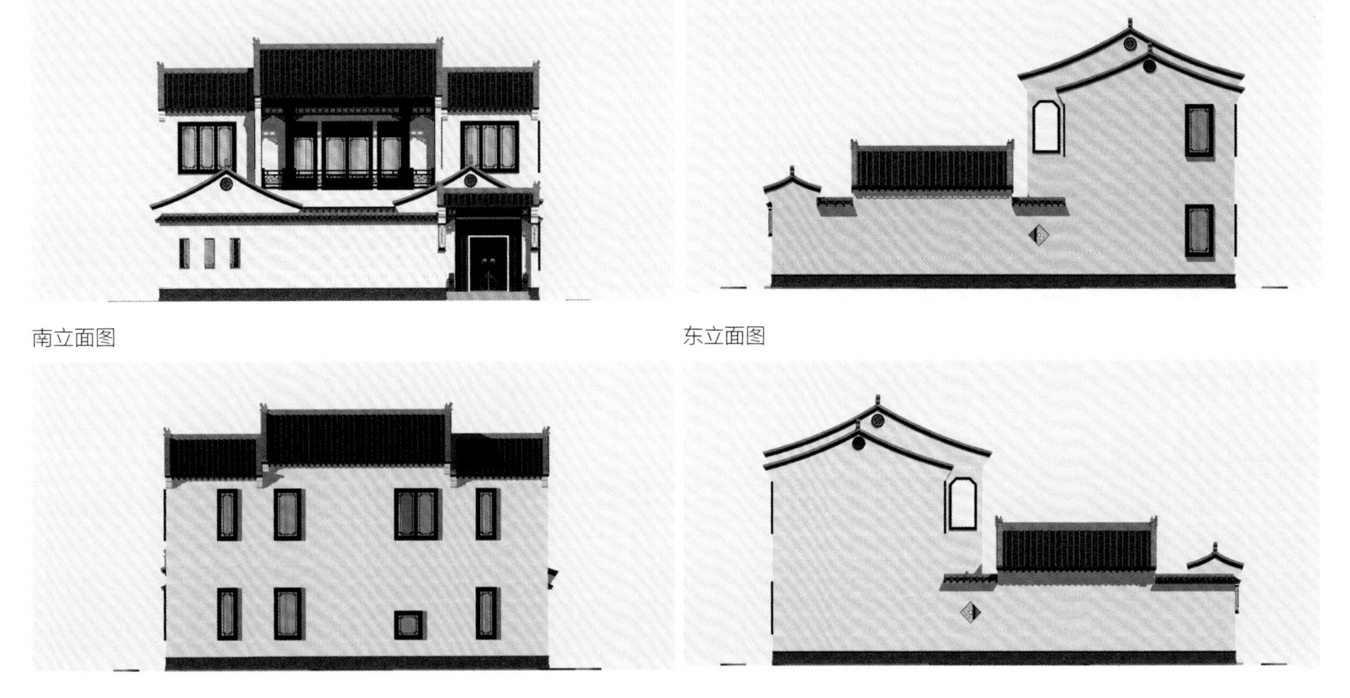

南立面图

东立面图

北立面图

西立面图

山东淄博李家中式宅院

土建造价：76.00 万元

建筑面积：291.00 m^2

占地面积：154.00 m^2

面　　宽：17.60 m

进　　深：14.80 m

开间数量：5 开间

建筑层数：2 层

结构形式：砖混结构

建筑特征：有露台，坡屋顶，贴邻居，

有庭院，西楼梯

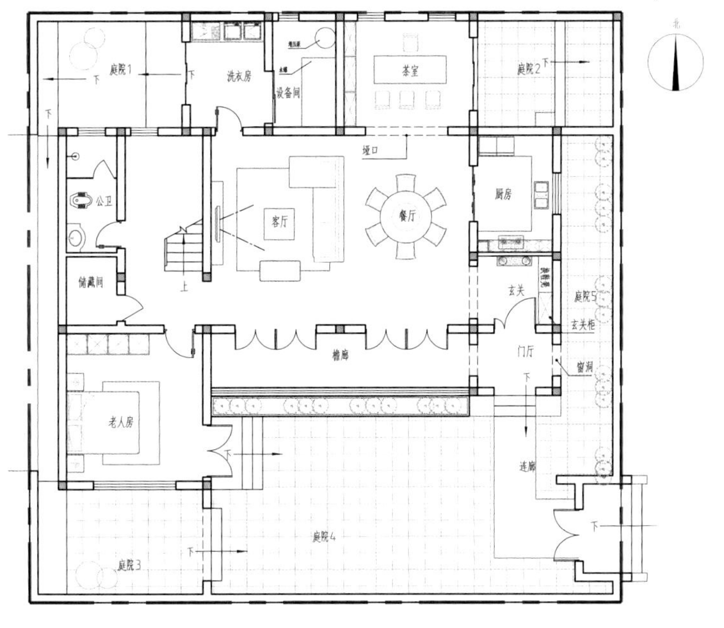

一层平面图

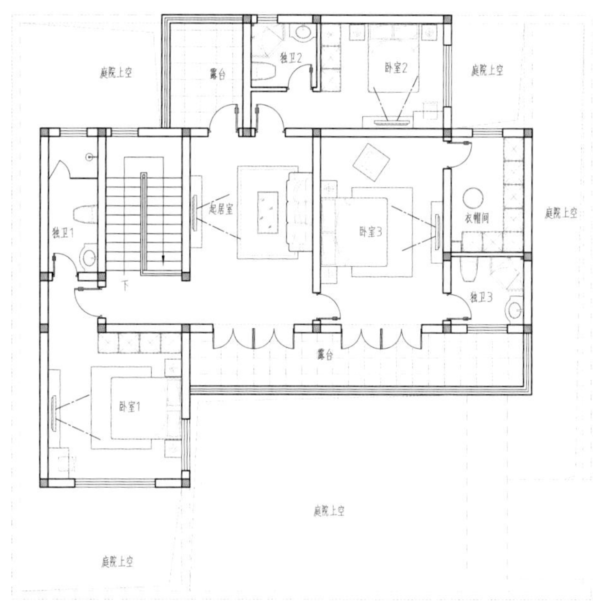

二层平面图

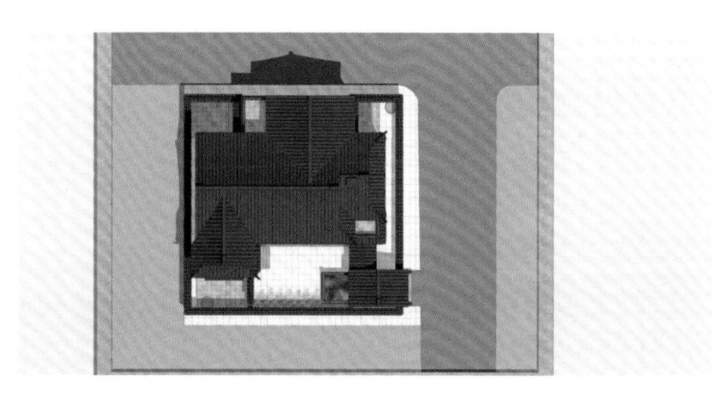

总平面图

南立面图

东立面图

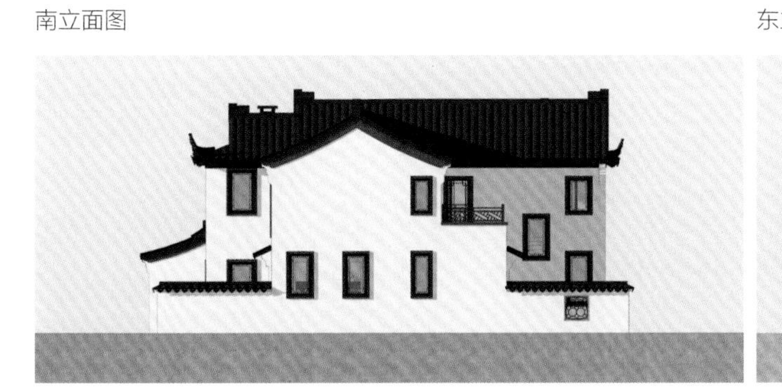

北立面图

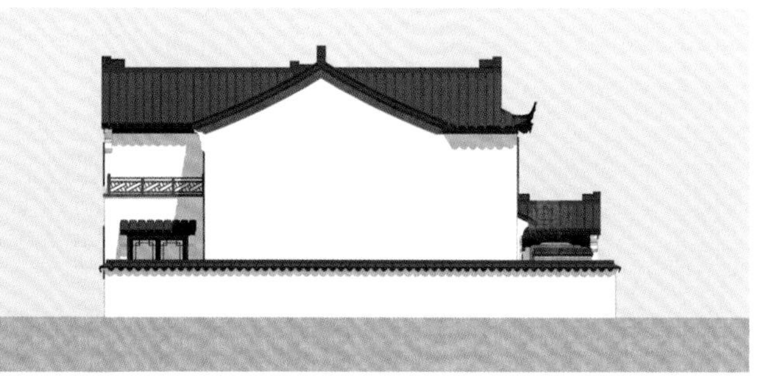

西立面图

江西赣州大余郑家中式合院

土建造价：84.00 万元

建筑面积：408.00 m^2

占地面积：246.00 m^2

面　　宽：18.00 m

进　　深：30.00 m

开间数量：5 开间

建筑层数：2 层

结构形式：框架结构

建筑特征：有车库，有露台，坡屋顶，贴邻居，有庭院，北楼梯

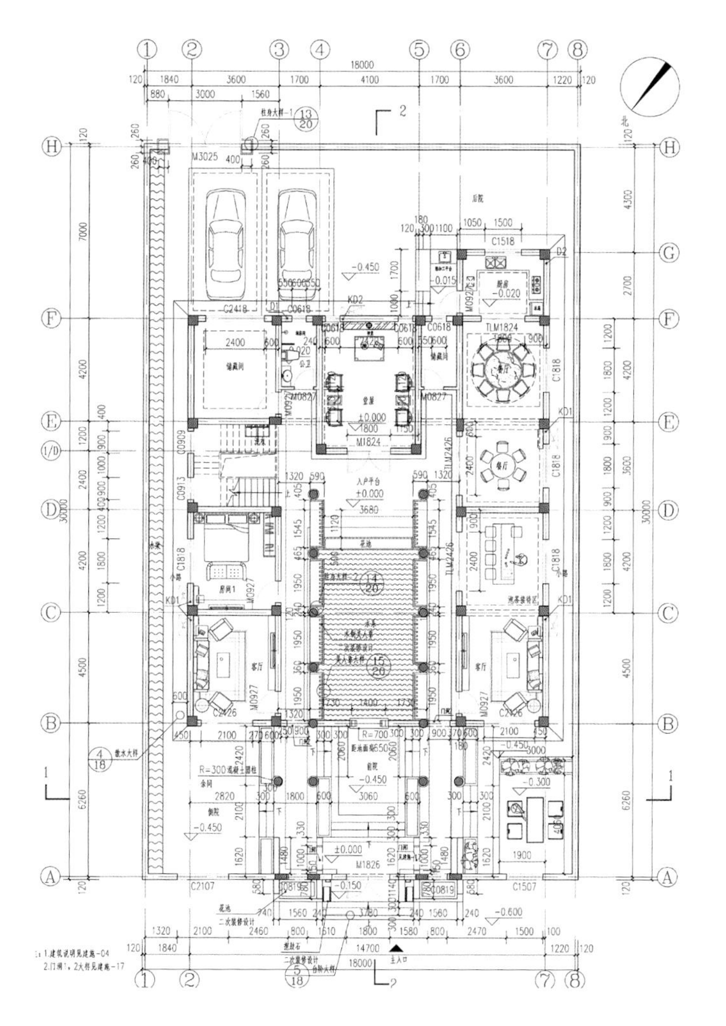

一层平面图

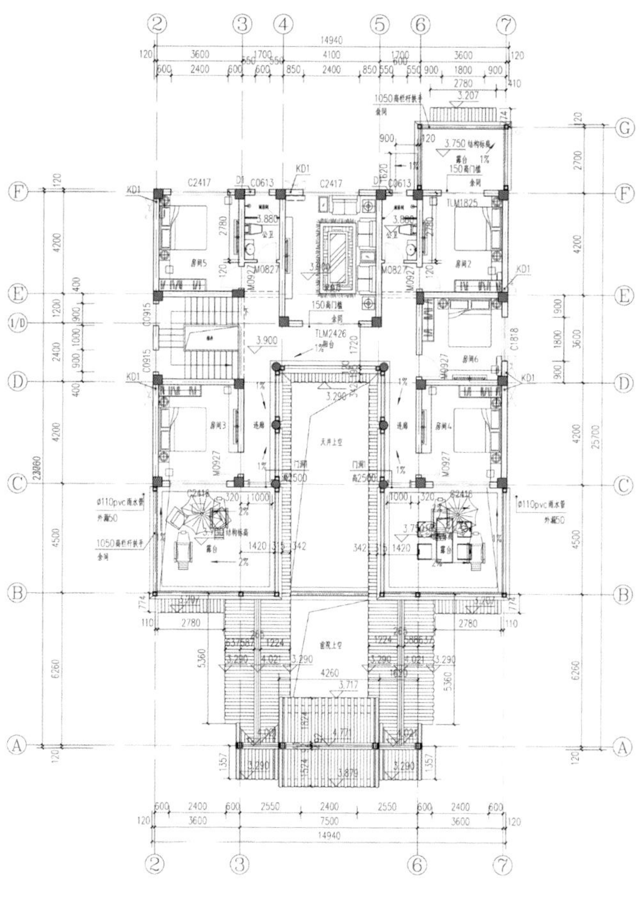

二层平面图

云南迪庆舒家中式合院

土建造价：89.60 万元

建筑面积：460.00 m^2

占地面积：228.00 m^2

面　　宽：25.30 m

进　　深：12.20 m

开间数量：5 开间

建筑层数：2 层

结构形式：砖混结构

建筑特征：有露台，坡屋顶，有庭院，三合院，东楼梯，北楼梯

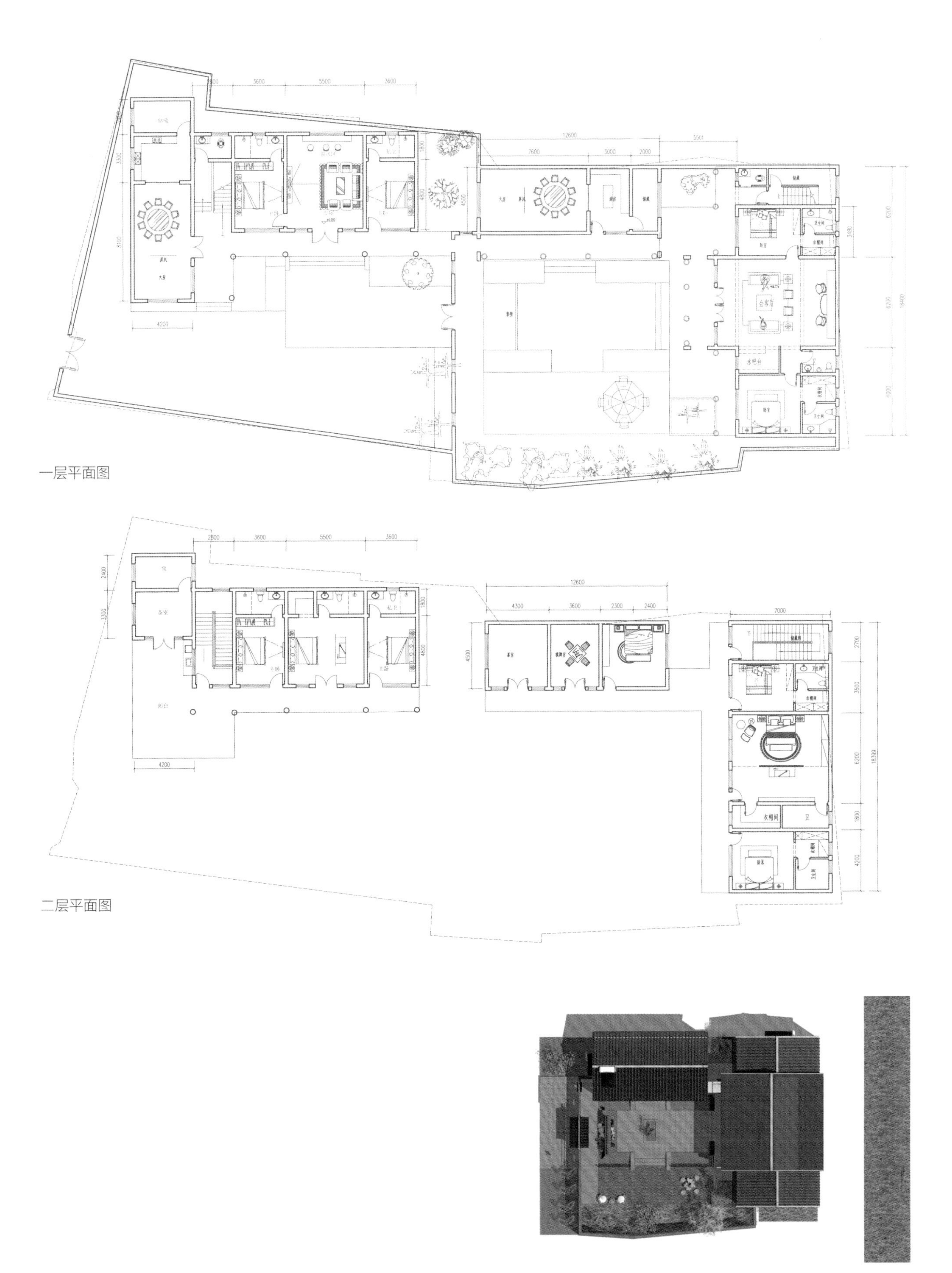

一层平面图

二层平面图

总平面图

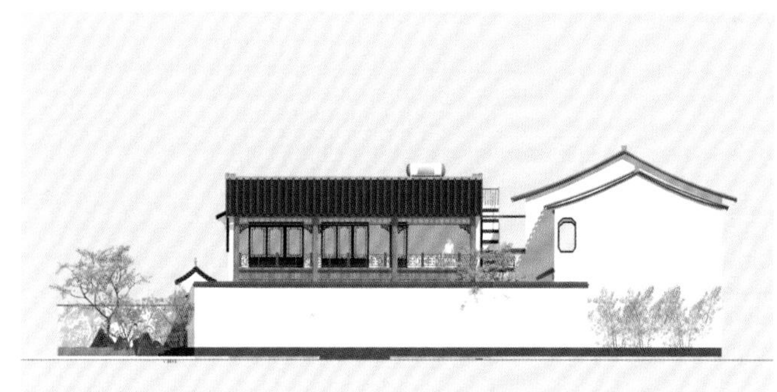
南立面图

东立面图

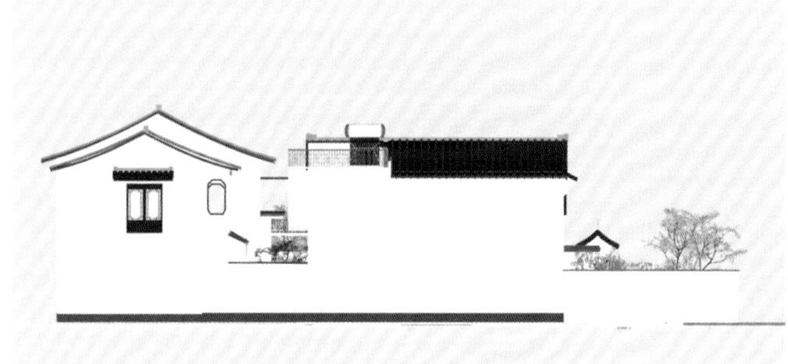
北立面图

西立面图

混合中式风格

混合中式风格糅合东西方美学精华元素，将古今文化内涵完美地结合于一体，充分利用空间形式与材料，创造出个性化的家居环境。混合并不是简单地把各种风格的元素放在一起做加法，而是把它们有主有次地组合在一起。混合得是否成功，关键看是否和谐。最简单的方法是确定家具的主风格，用配饰、家纺等来搭配。中西元素的混合是主流，其次还有现代与传统的混搭。在同一个空间里，不管是“传统与现代”，还是“中西合璧”，都要以一种风格为主，靠局部的设计增添空间的层次。

北京房山郑家别墅

土建造价：64.00 万元	面　　宽：17.30 m	建筑层数：2 层
建筑面积：351.66 m^2	进　　深：13.10 m	结构形式：砖混结构
占地面积：197.00 m^2	开间数量：3 开间	建筑特征：有露台，坡屋顶

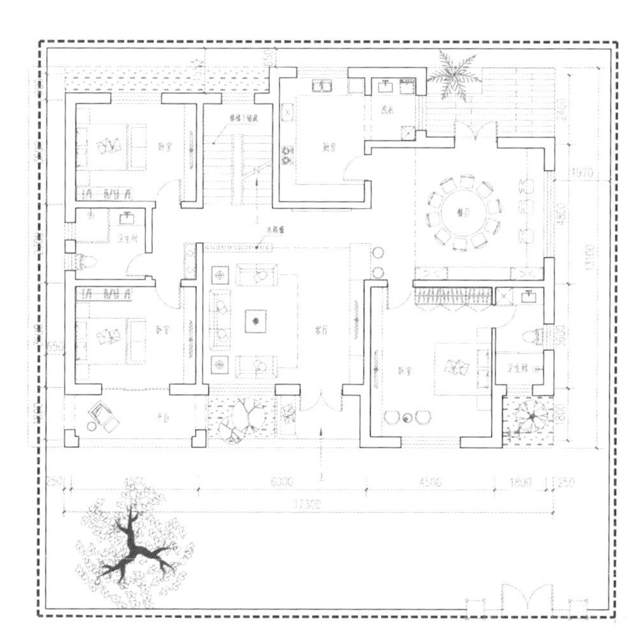

一层平面图

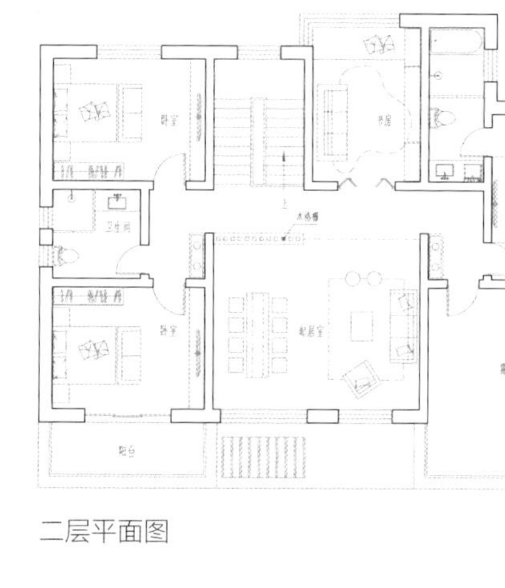

二层平面图

南立面图（带围墙）

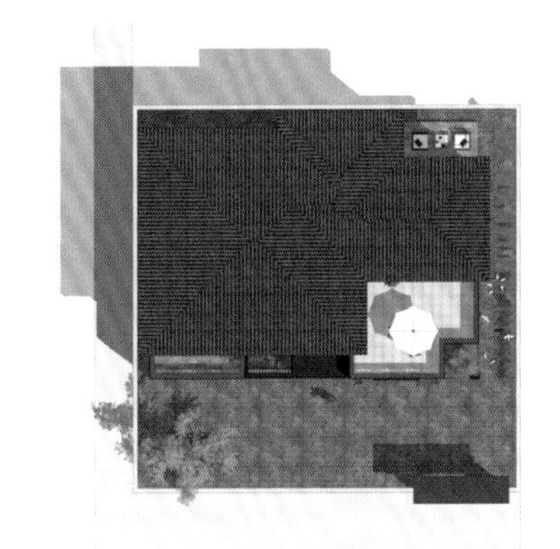

总平面图

南立面图

东立面图

北立面图

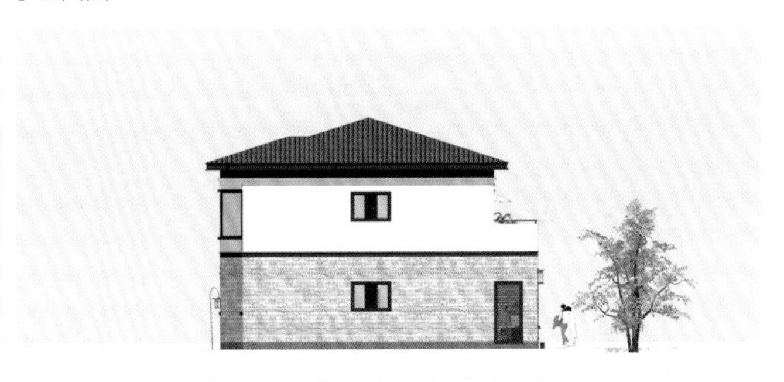

西立面图

河北保定李家别墅

土建造价：43.00 万元

建筑面积：218.18 m^2

占地面积：120.00 m^2

面　　宽：12.00 m

进　　深：10.40 m

开间数量：3 开间

建筑层数：2 层

结构形式：砖混结构

建筑特征：有露台，坡屋顶

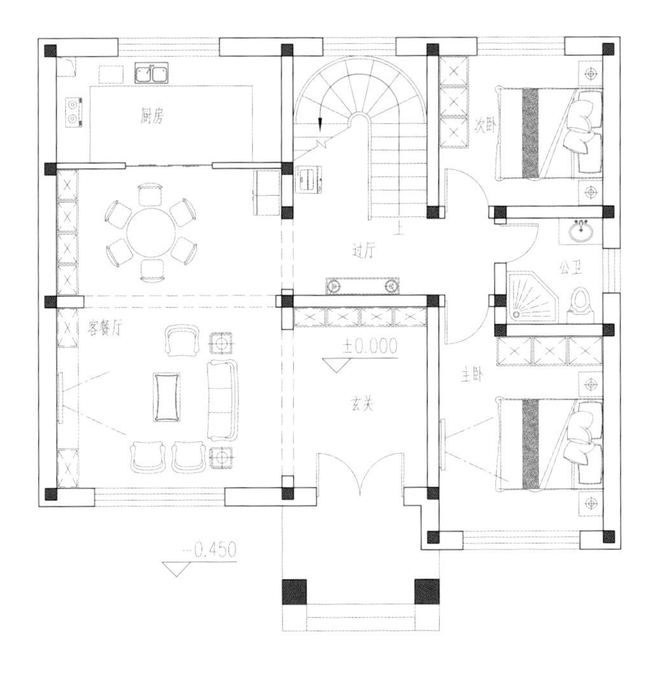

一层平面图

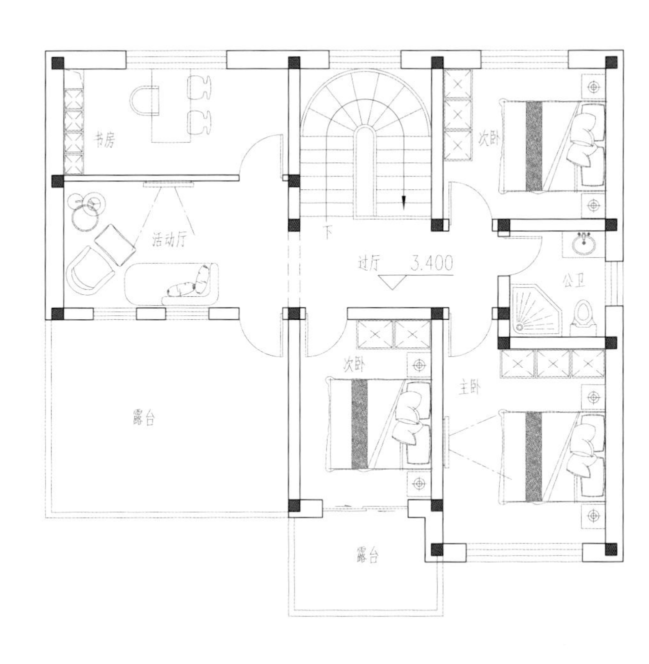

二层平面图

南立面图

东立面图

北立面图

西立面图

湖南邵阳刘家别墅

土建造价：79.00 万元

建筑面积：314.50 m^2

占地面积：168.00 m^2

面　　宽：16.50 m

进　　深：13.50 m

开间数量：4 开间

建筑层数：2 层

结构形式：框架结构

建筑特征：有露台，坡屋顶，贴邻居，有庭院

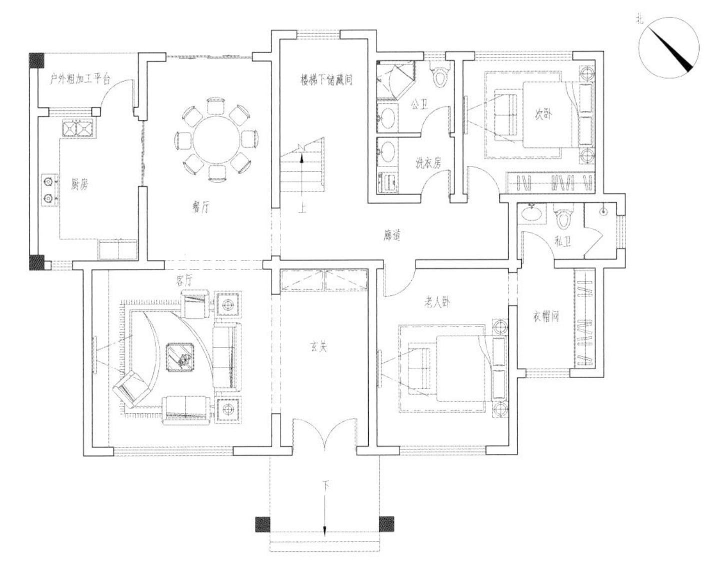
北
户外粗加工平台
厨房
餐厅
楼梯下储藏间
上
公卫
洗衣房
次卧
廊道
私卫
客厅
玄关
老人卧
衣帽间
下

一层平面图

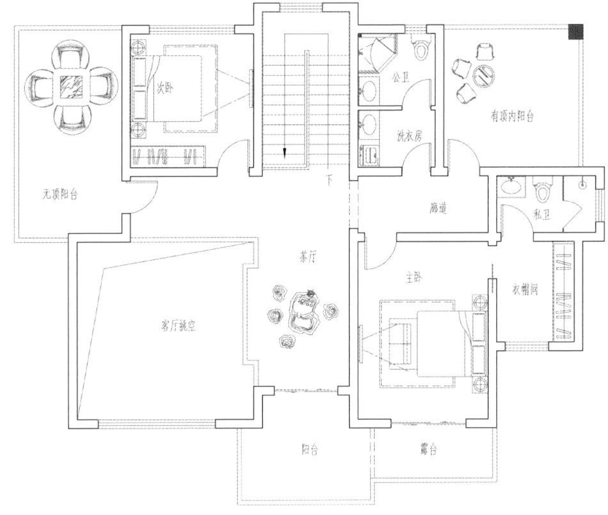
次卧
公卫
洗衣房
有顶内阳台
无顶阳台
下
廊道
私卫
茶厅
主卧
衣帽间
客厅挑空
阳台
露台

二层平面图

浙江杭州程家别墅

土建造价：81.20 万元

建筑面积：428.00 m^2

占地面积：140.00 m^2

面　　宽：13.40 m

进　　深：11.90 m

开间数量：3 开间

建筑层数：3 层

结构形式：框架结构

建筑特征：有露台，坡屋顶，有庭院

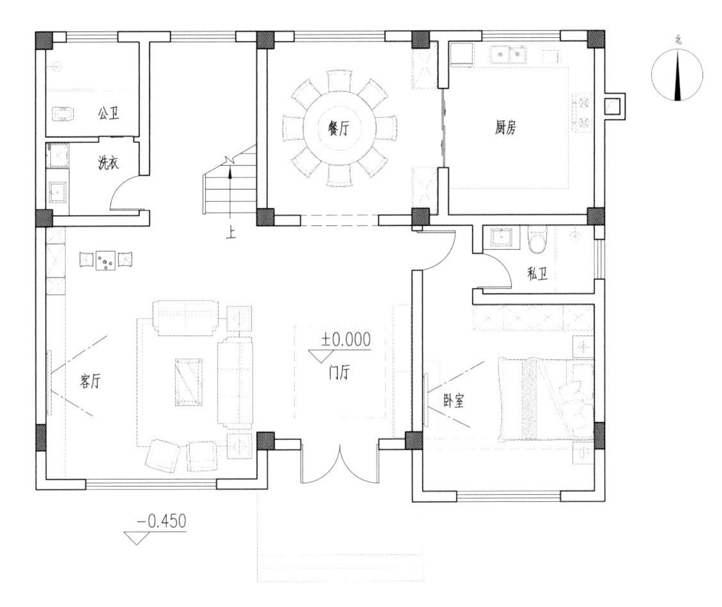

一层平面图

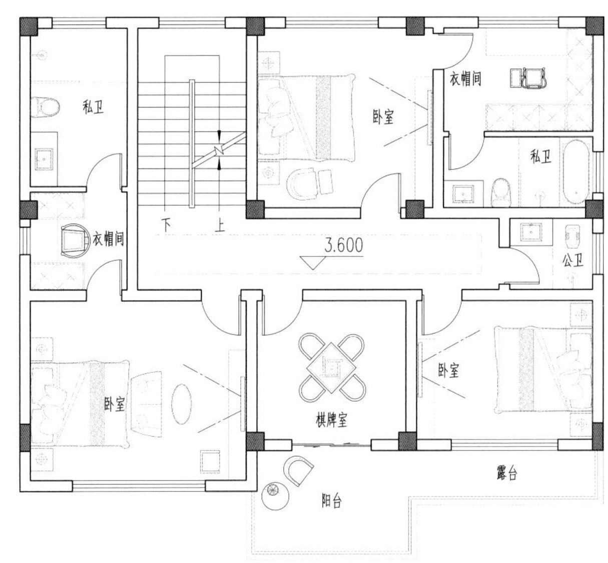

二层平面图

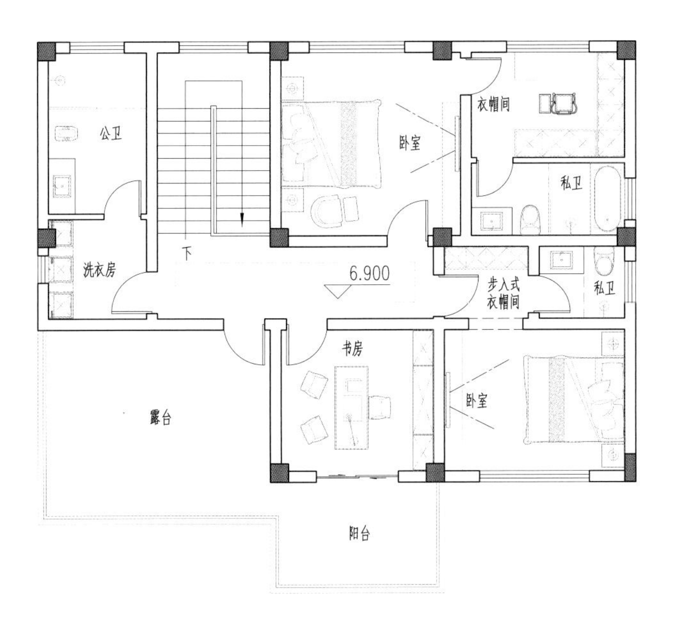

三层平面图

广东清远谭家别墅

土建造价：91.90 万元

建筑面积：495.52 m^2

占地面积：192.00 m^2

面　　宽：16.40 m

进　　深：15.20 m

开间数量：3 开间

建筑层数：3 层

结构形式：框架结构

建筑特征：有露台，平屋顶，有庭院，有天井

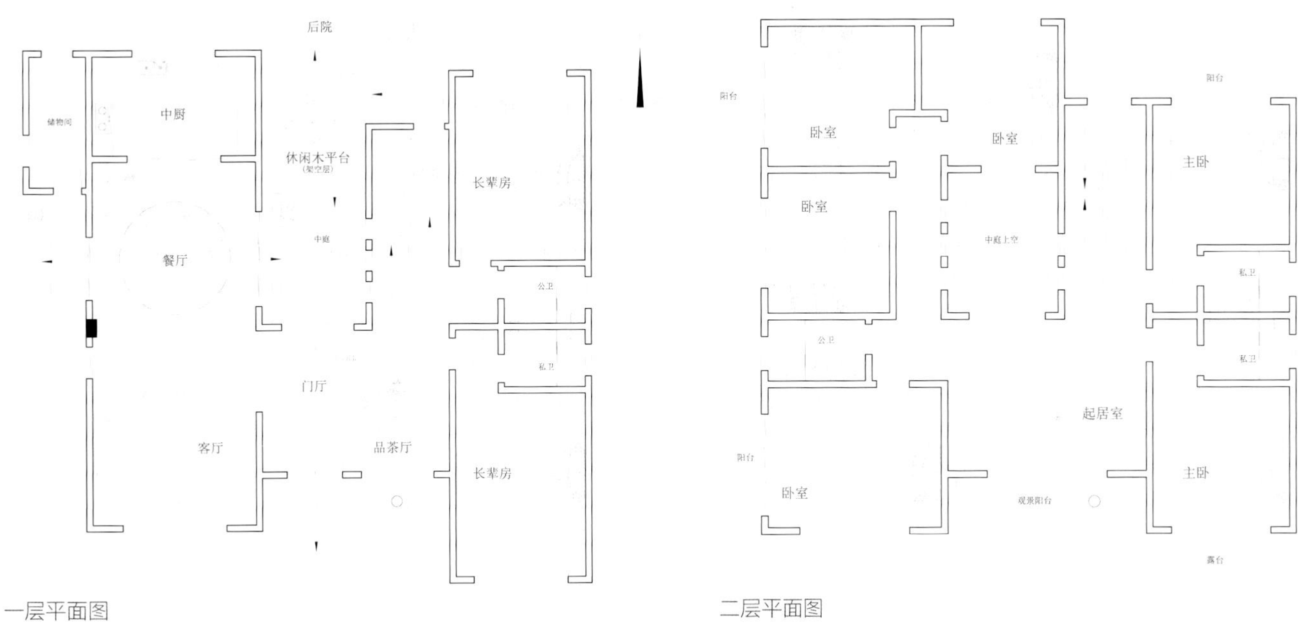

一层平面图

二层平面图

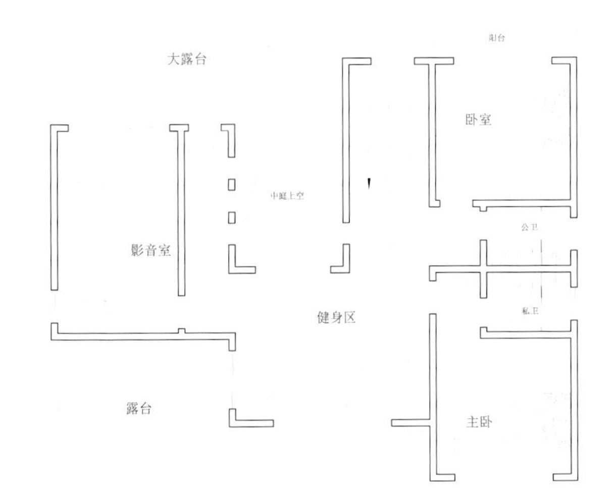

三层平面图

江西抚州李家别墅

土建造价：121.00 万元

建筑面积：591.00 m^2

占地面积：199.00 m^2

面　　宽：15.80 m

进　　深：14.30 m

开间数量：4 开间

建筑层数：3 层

结构形式：框架结构

建筑特征：有露台，坡屋顶

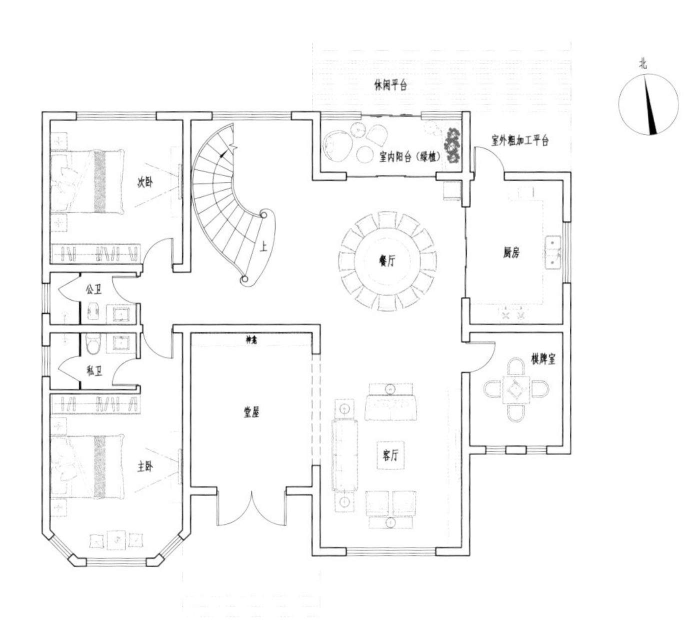

一层平面图

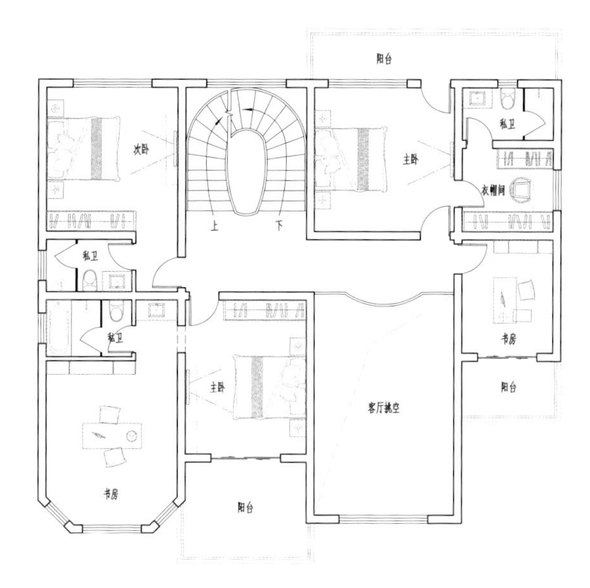

二层平面图

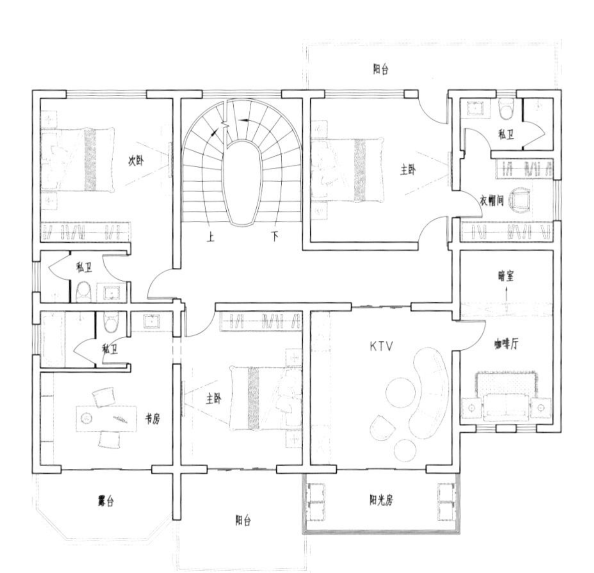

三层平面图

河南郑州魏家别墅

土建造价：118.00 万元

建筑面积：631.00 m^2

占地面积：190.00 m^2

面　　宽：16.10 m

进　　深：15.00 m

开间数量：3 开间

建筑层数：3 层

结构形式：剪力墙结构

建筑特征：带地下室，有露台，坡屋顶，有堂屋，北楼梯

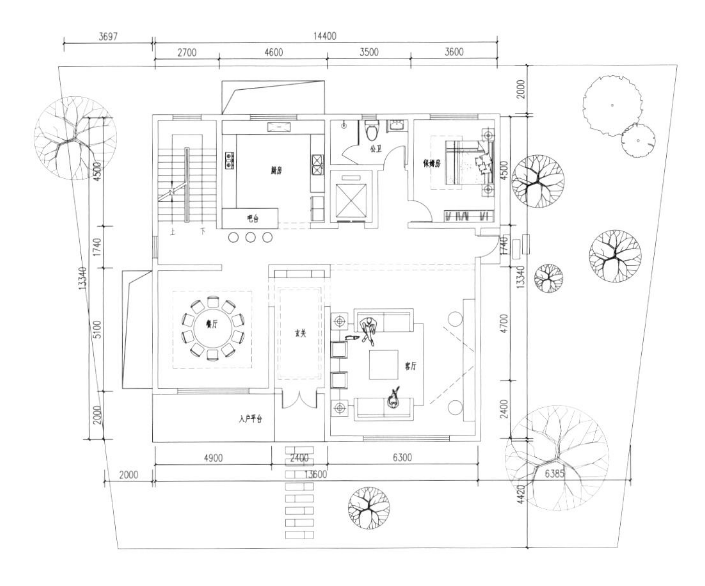

一层平面图

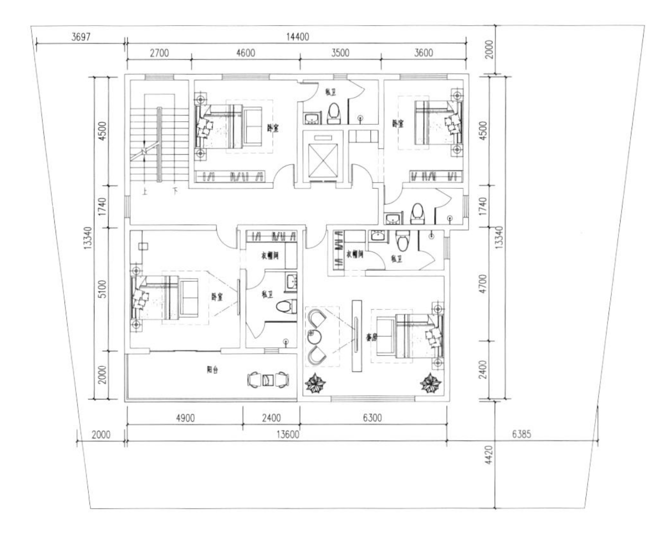

二层平面图

三层平面图

湖北孝感喻家别墅

土建造价：58.60 万元

建筑面积：301.00 m^2

占地面积：161.00 m^2

面　　宽：14.30 m

进　　深：12.50 m

开间数量：3 开间

建筑层数：2 层

结构形式：砖混结构

建筑特征：有露台，坡屋顶，有庭院

总平面图

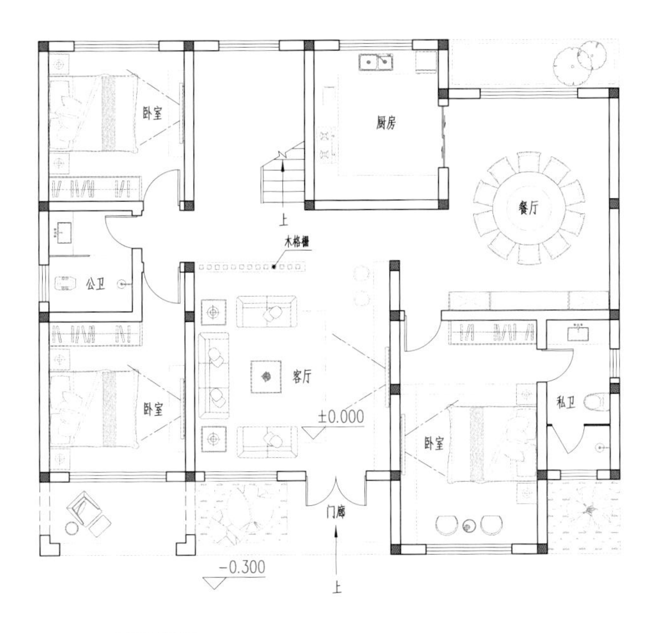

一层平面图

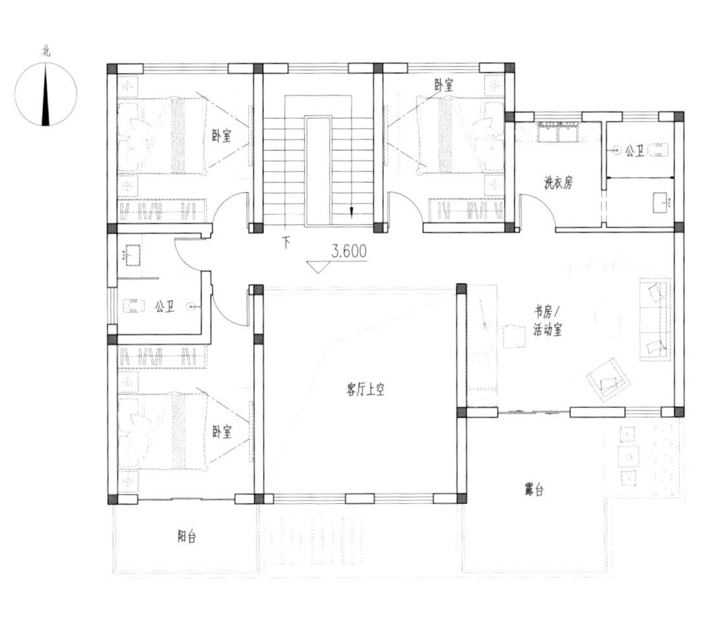

二层平面图

南立面图

东立面图

北立面图

西立面图

陕西渭南王家别墅

土建造价：57.00 万元

建筑面积：338.00 m^2

占地面积：178.00 m^2

面　　宽：15.10 m

进　　深：12.50 m

开间数量：4 开间

建筑层数：2 层

结构形式：砖混结构

建筑特征：有车库，有露台，平屋顶，贴邻居，有庭院，北入口

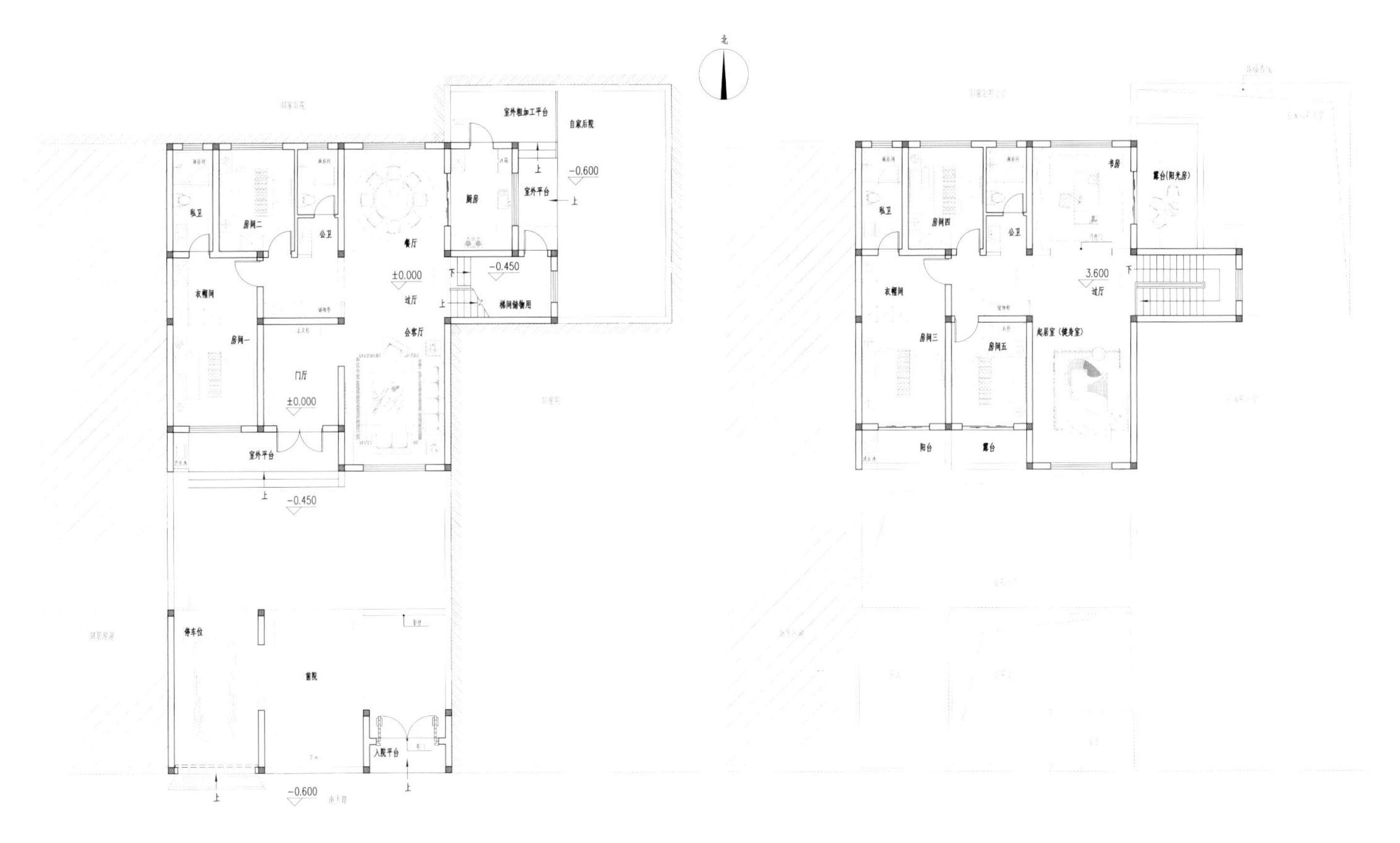
北
室外粗加工平台
自家后院
厨房
室外平台
-0.600
私卫
房间二
公卫
餐厅
±0.000
-0.450
过厅
衣帽间
房间一
会客厅
门厅
±0.000
室外平台
-0.450
停车位
前院
入院平台
-0.600
私卫
房间四
公卫
书房
露台(阳光房)
3.600
过厅
衣帽间
房间三
房间五
起居室(健身室)
阳台
露台

一层平面图

二层平面图

河南南阳荣家别墅

土建造价：71.20 万元

建筑面积：351.00 m^2

占地面积：197.00 m^2

面　　宽：12.80 m

进　　深：25.30 m

开间数量：3 开间

建筑层数：2 层

结构形式：砖混结构

建筑特征：带地下室，有露台，平屋顶，贴邻居，有庭院，有土灶

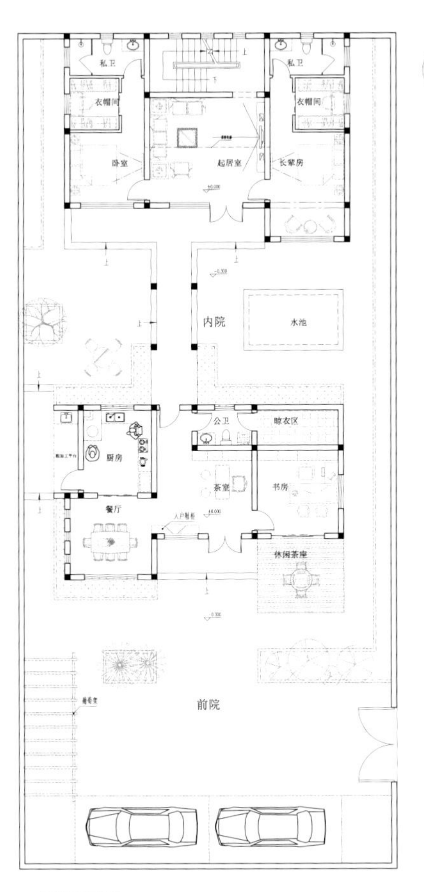
私卫
私卫
衣帽间
衣帽间
卧室
起居室
长辈房
±0.000
-0.300
内院
水池
公卫
晾衣区
厨房
茶室
书房
餐厅
入户鞋柜
±0.000
休闲茶座
-0.300
葡萄架
前院

一层平面图

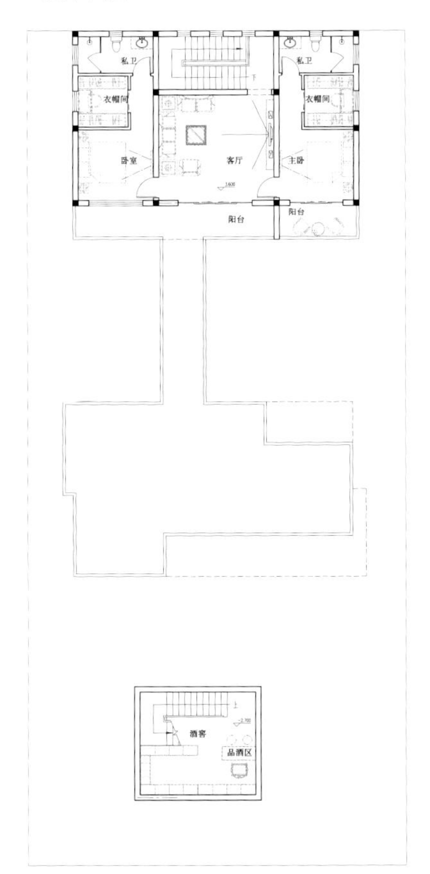
私卫
私卫
衣帽间
衣帽间
卧室
客厅
主卧
3.600
阳台
阳台
酒窖
-2.700
品酒区

二层平面图

北京密云王家别墅

土建造价：43.00 万元

建筑面积：242.00 m^2

占地面积：124.00 m^2

面　　宽：12.40 m

进　　深：9.80 m

开间数量：3 开间

建筑层数：2 层

结构形式：砖混结构

建筑特征：有露台，平屋顶，贴邻居，有庭院，北楼梯

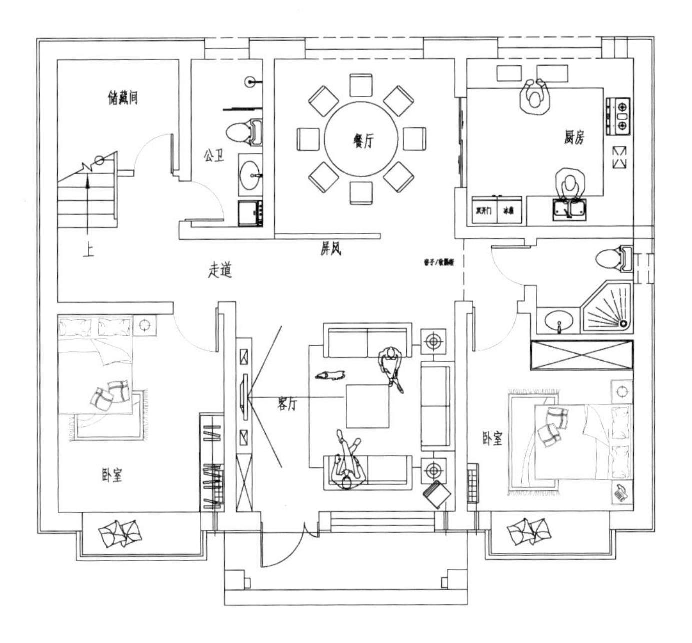

一层平面图

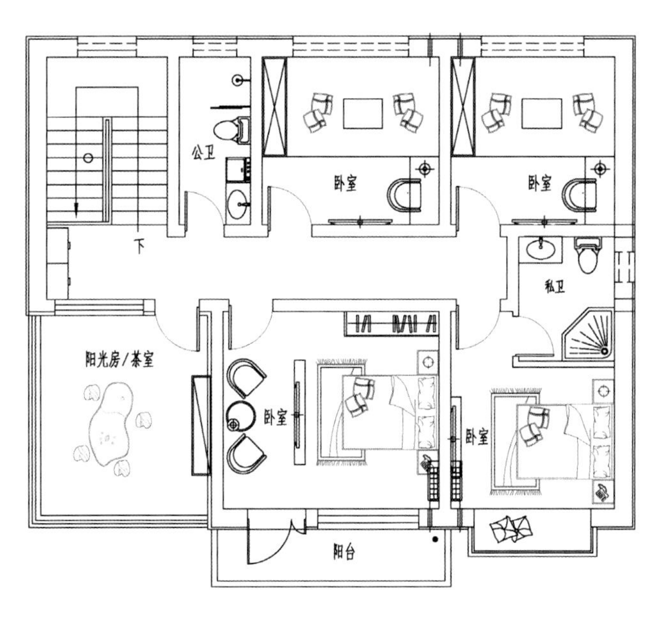

二层平面图

河南洛阳杜家别墅

土建造价：118.40 万元

建筑面积：658.00 m^2

占地面积：184.00 m^2

面　　宽：13.40 m

进　　深：16.20 m

开间数量：3 开间

建筑层数：4 层

结构形式：框架结构

建筑特征：有露台，坡屋顶，带商铺，有庭院，有天井，北楼梯

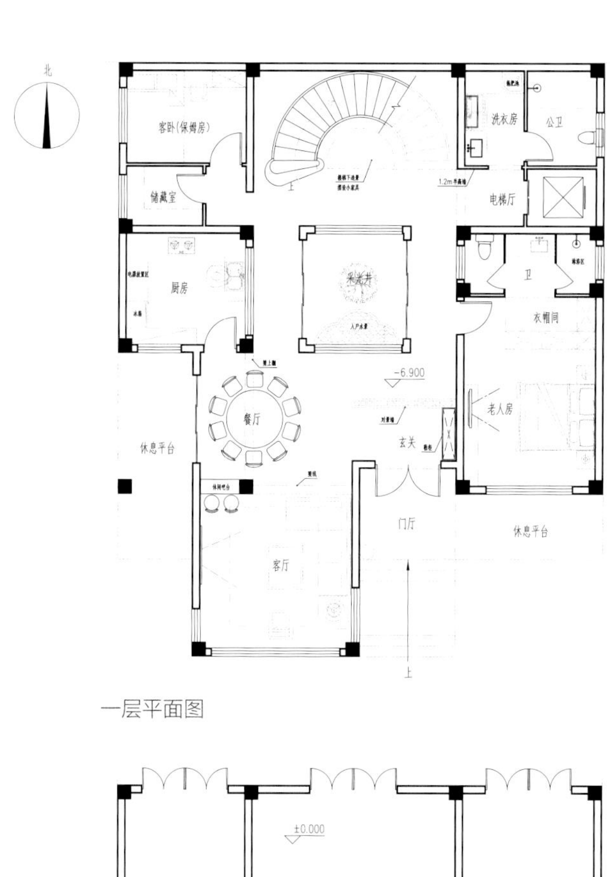

一层平面图

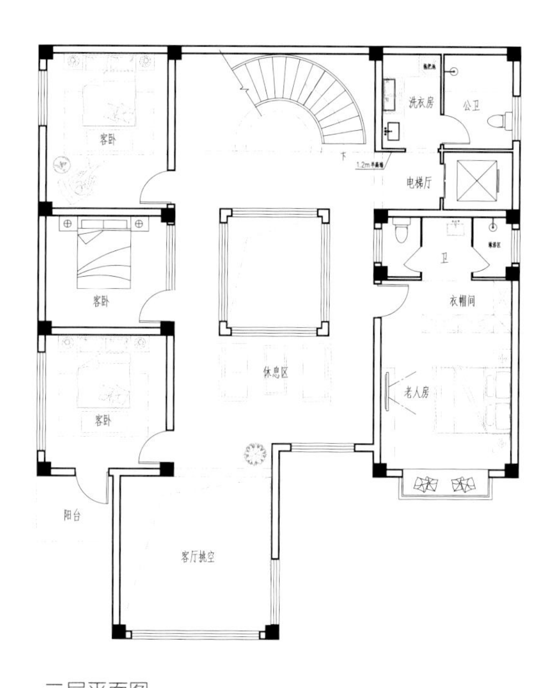

二层平面图

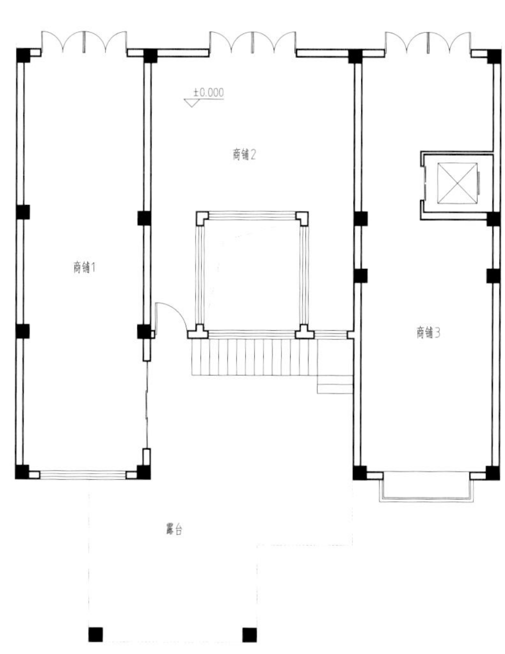

三层平面图

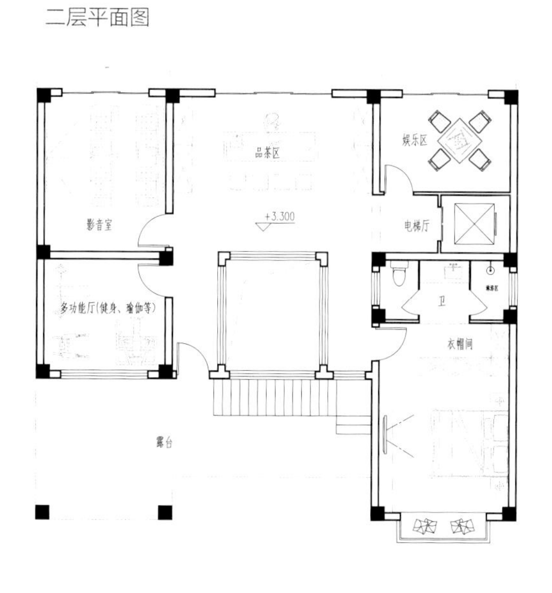

四层平面图

云南曲靖代家别墅

土建造价：58.80 万元

建筑面积：326.00 m^2

占地面积：172.00 m^2

面　　宽：16.40 m

进　　深：10.70 m

开间数量：4 开间

建筑层数：2 层

结构形式：砖混结构

建筑特征：有露台，坡屋顶，有庭院，有土灶，北楼梯

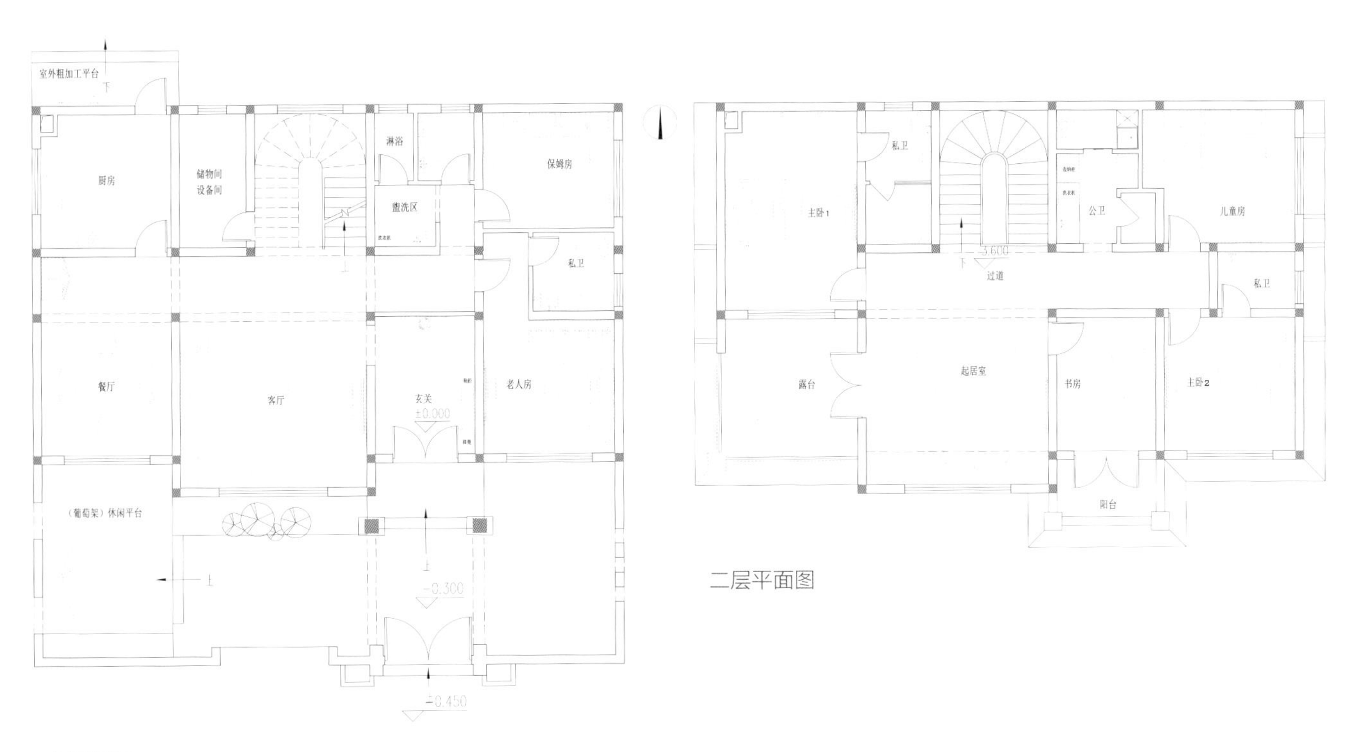
室外粗加工平台
厨房
储物间
设备间
淋浴
盥洗区
保姆房
私卫
餐厅
客厅
玄关
±0.000
老人房
（葡萄架）休闲平台
-0.300
-0.450
主卧1
私卫
公卫
儿童房
3.600
过道
私卫
露台
起居室
书房
主卧2
阳台

二层平面图

一层平面图

安徽芜湖朱家混合中式别墅

土建造价：62.70 万元

建筑面积：336.00 m^2

占地面积：170.00 m^2

面　　宽：15.20 m

进　　深：13.60 m

开间数量：4 开间

建筑层数：2 层

结构形式：框架结构

建筑特征：有露台，坡屋顶，有庭院，北楼梯

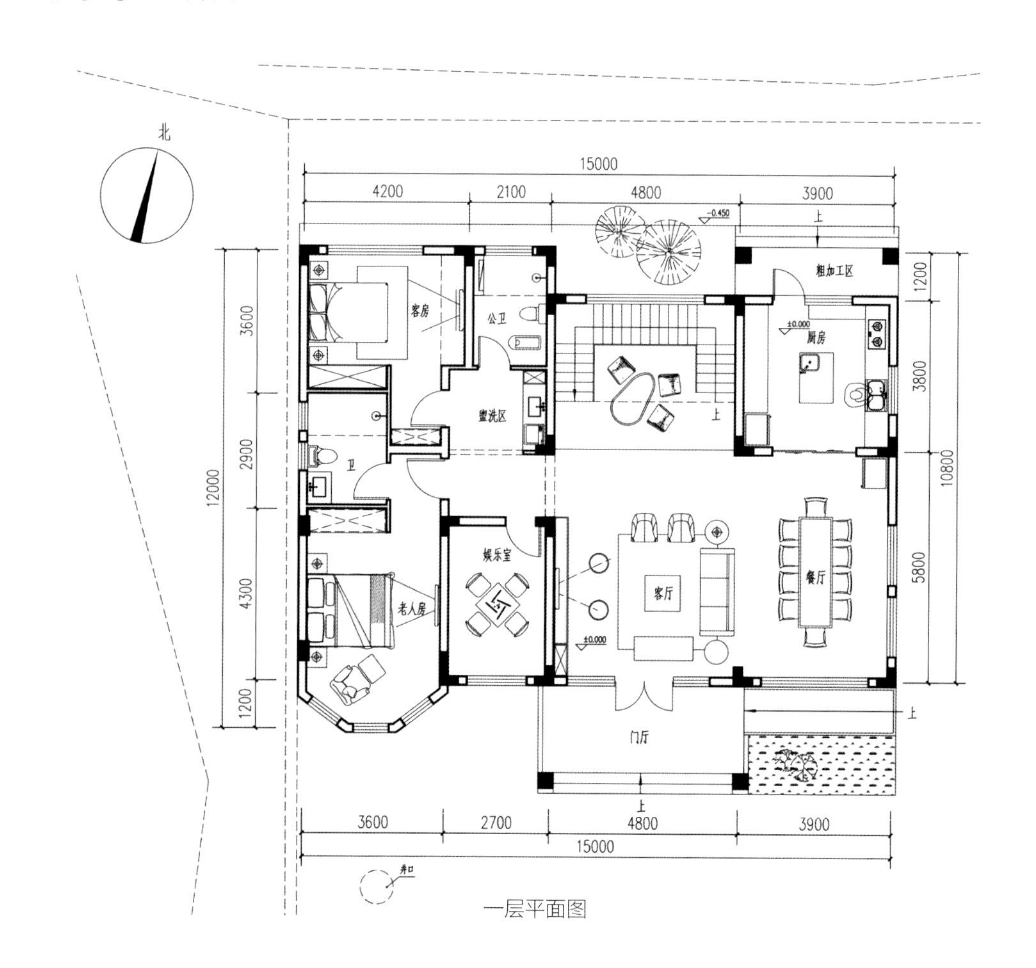

一层平面图

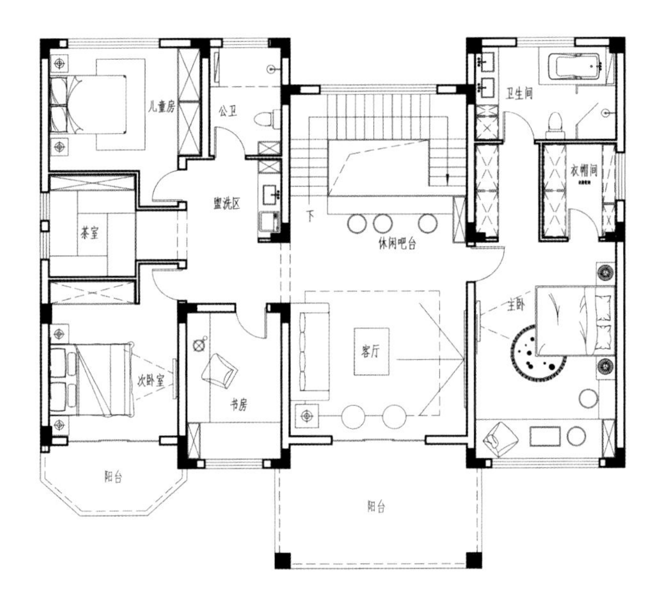

二层平面图

北京房山高家混合中式别墅

土建造价：68.00 万元

建筑面积：379.00 m^2

占地面积：218.00 m^2

面　　宽：17.60 m

进　　深：12.80 m

开间数量：4 开间

建筑层数：2 层

结构形式：砖混结构

建筑特征：有露台，坡屋顶，有庭院，西楼梯

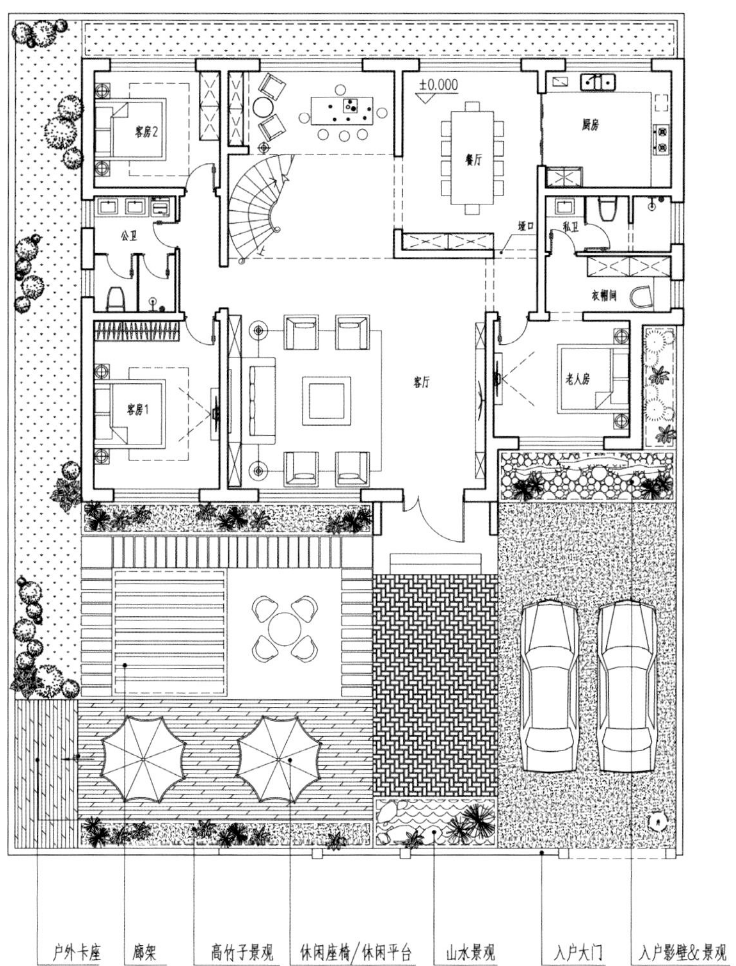

一层平面图

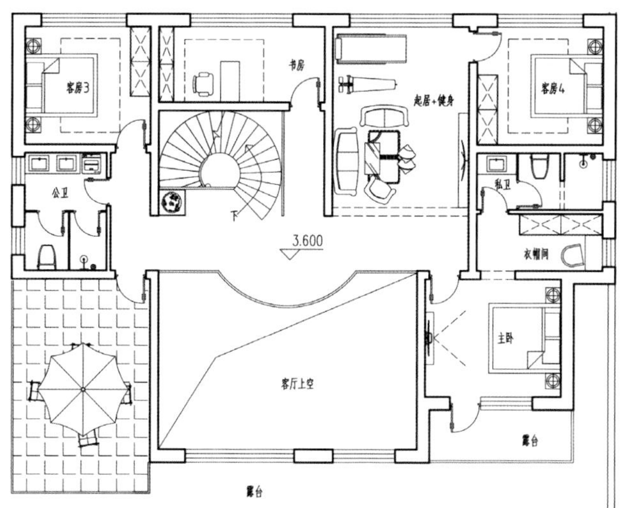

二层平面图

南立面图

东立面图

北立面图

西立面图

北京平谷张家混合中式别墅

土建造价：75.00 万元

建筑面积：381.00 m^2

占地面积：172.00 m^2

面　　宽：16.70 m

进　　深：10.70 m

开间数量：4 开间

建筑层数：2 层

结构形式：砖混结构

建筑特征：有露台，坡屋顶，贴邻居，
　　　　　有庭院，北楼梯

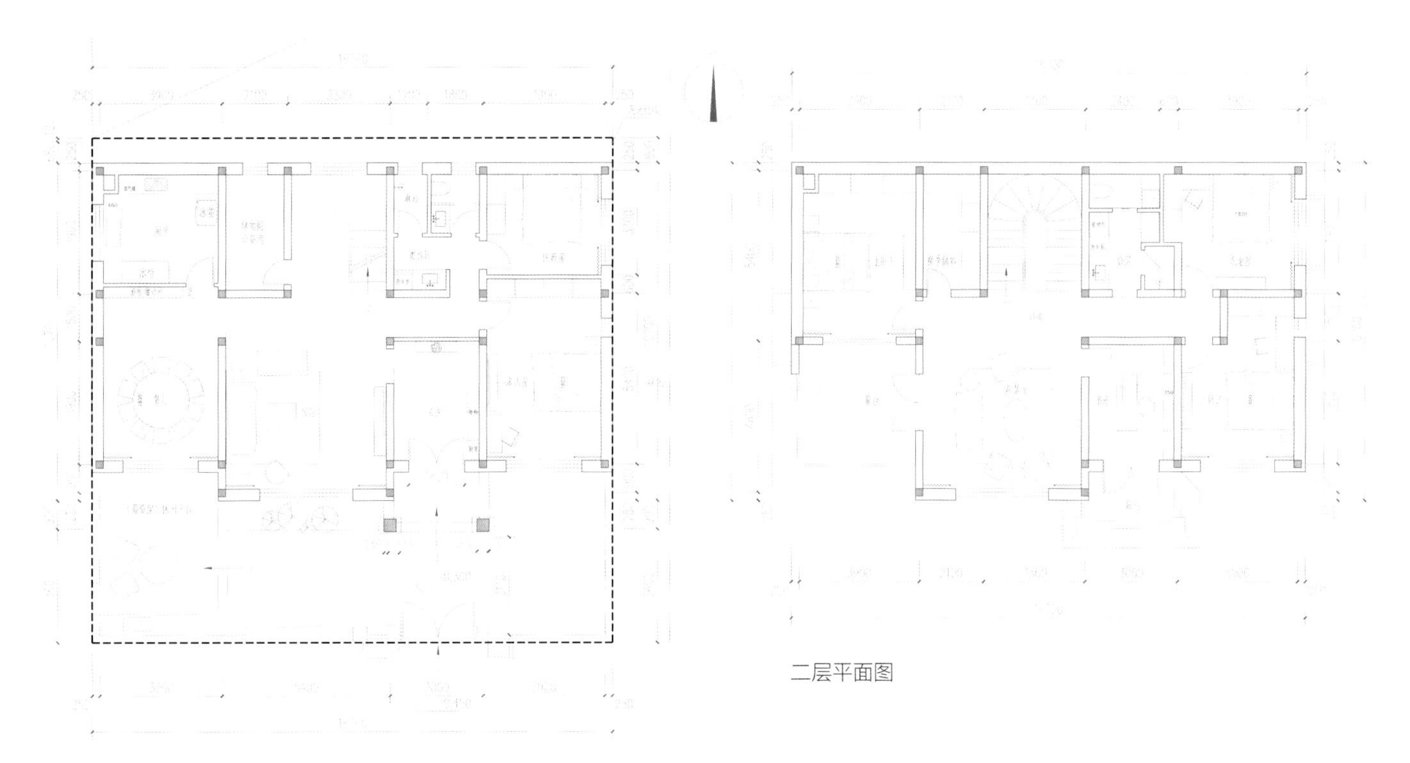

一层平面图

二层平面图

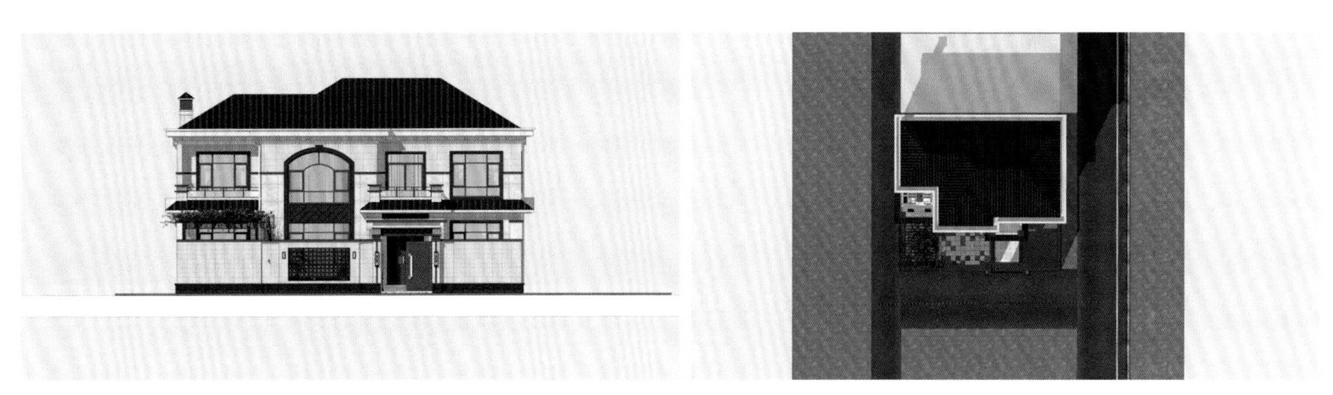

南立面图

总平面图

东立面图

西立面图

广东湛江许家度假别墅

土建造价：140.00 万元

建筑面积：819.00 m^2

占地面积：276.00 m^2

面　　宽：24.20 m

进　　深：18.10 m

开间数量：3 开间

建筑层数：2 层

结构形式：框架结构

建筑特征：带地下室，有车库，有露台，平屋顶，有庭院，北楼梯

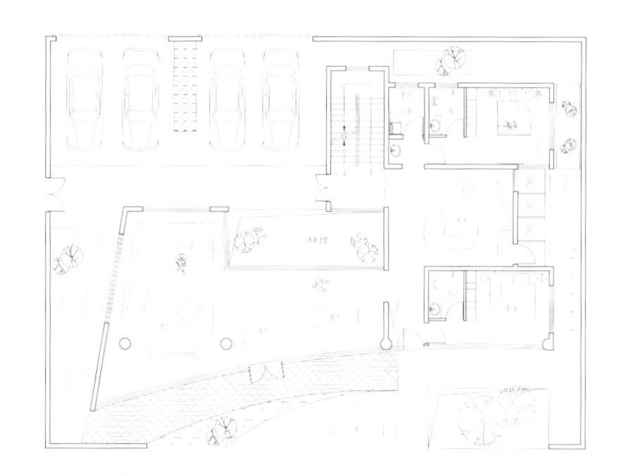

一层平面图

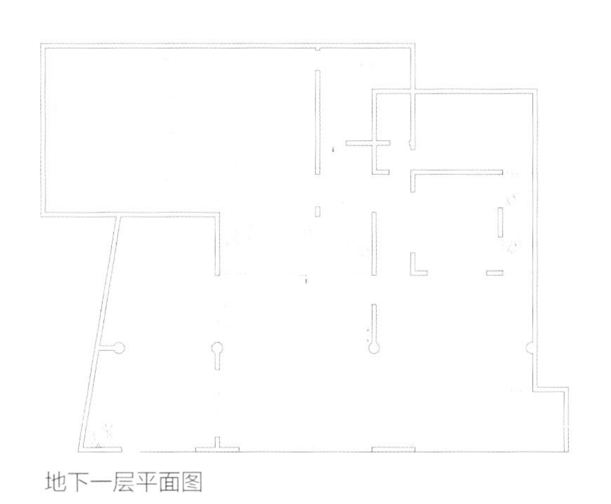

地下一层平面图

二层平面图

河南安阳张家别墅

土建造价：111.70 万元
建筑面积：628.00 m²
占地面积：248.00 m²
面　　宽：16.00 m
进　　深：18.20 m

开间数量：3 开间
建筑层数：3 层
结构形式：砖混结构
建筑特征：有露台，坡屋顶，北楼梯

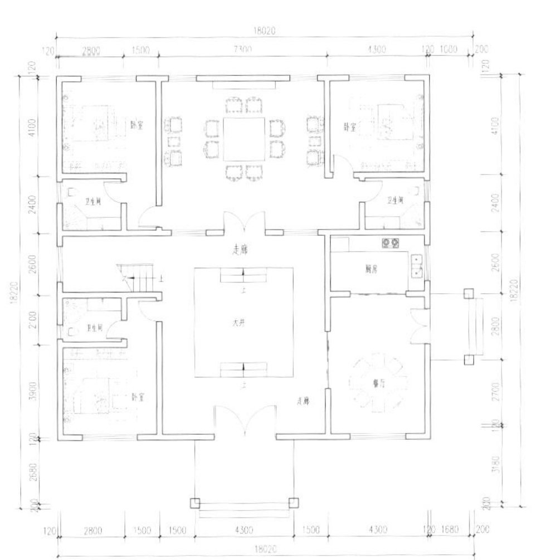

一层平面图

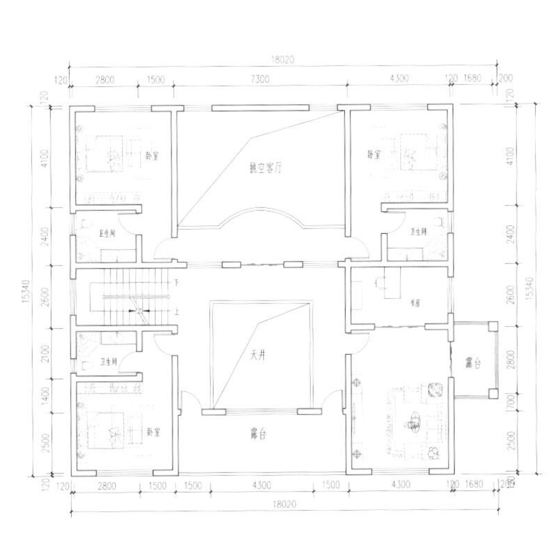

二层平面图

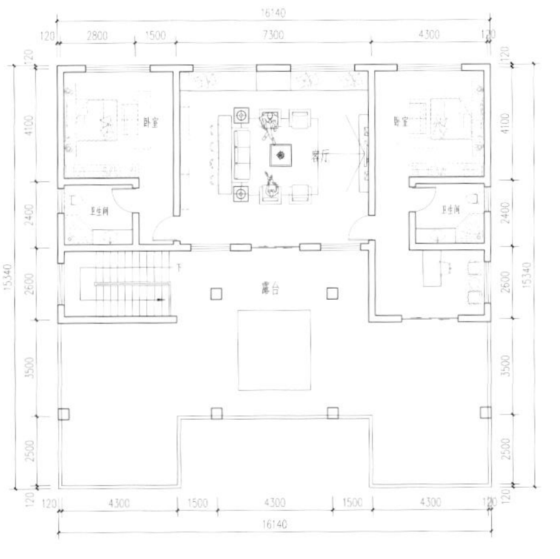

三层平面图

福建漳州黄家混合中式别墅

土建造价：209.00 万元

建筑面积：1100.00 m^2

占地面积：253.00 m^2

面　　宽：17.60 m

进　　深：16.30 m

开间数量：3 开间

建筑层数：4 层

结构形式：框架结构

建筑特征：带地下室，有露台，坡屋顶，有庭院，北入口

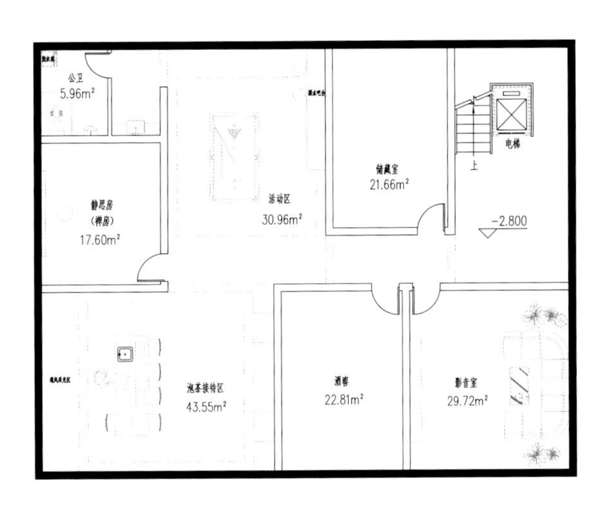

地下一层平面图

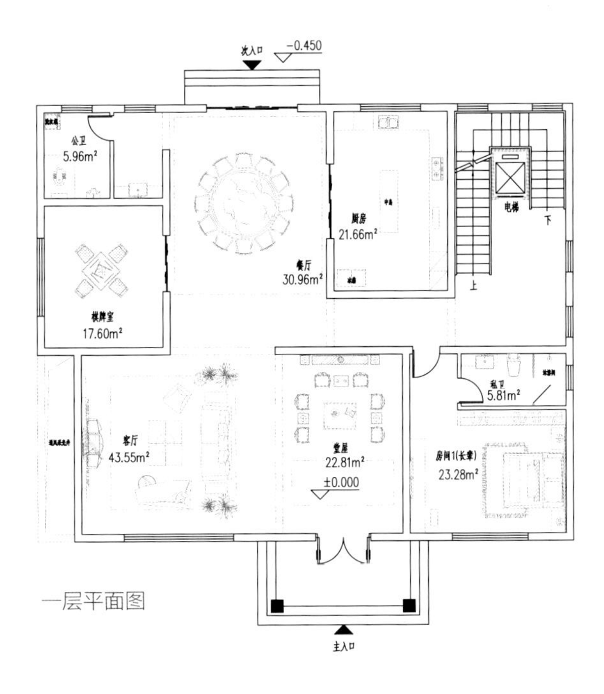

一层平面图

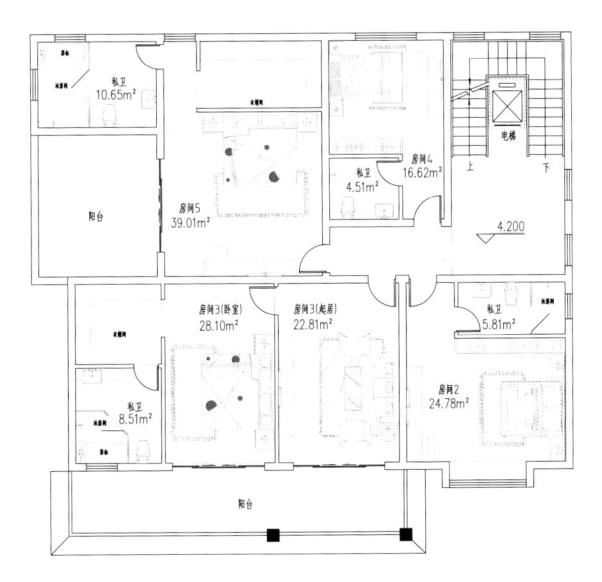

二层平面图

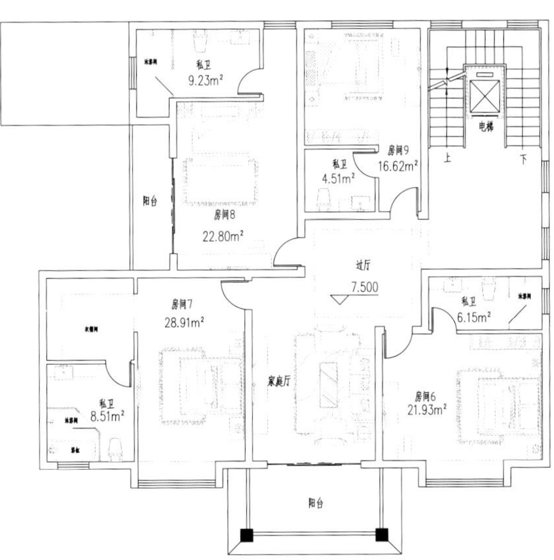

三层平面图

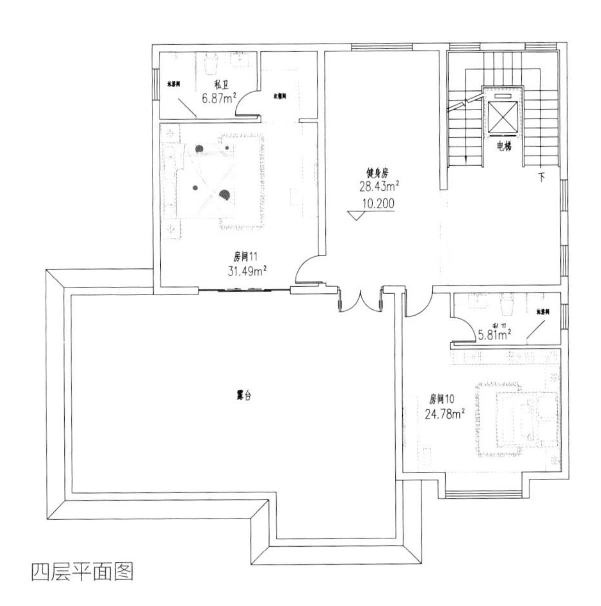

四层平面图

南立面图

北立面图

东立面图

西立面图

民宿

民宿，指利用当地民居等相关闲置资源，经营用客房不超过 4 层、建筑面积不超过 800 m^2, 主人参与接待，为游客提供体验当地自然、文化与生产、生活方式的小型住宿设施。

“民宿”一词的起源，一说源自日语的民宿（Minshuku），一说从欧洲的 B&B（Bed and Breakfast），即提供住宿和早餐的家庭旅馆模式演变而来。

此定义完全诠释了民宿有别于旅馆或饭店的特质。民宿不同于传统的饭店旅馆，也许没有高级奢华的设施，但它能让人体验当地风情、感受民宿主人的热情与服务，并体验有别于以往的生活。

浙江舟山水案山居民宿

土建造价：70.00 万元

建筑面积：401.01 m^2

占地面积：134.00 m^2

面　　宽：11.50 m

进　　深：13.50 m

开间数量：3 开间

建筑层数：4 层

结构形式：框架结构

建筑特征：有露台，平屋顶，坡屋顶，贴邻居，北楼梯

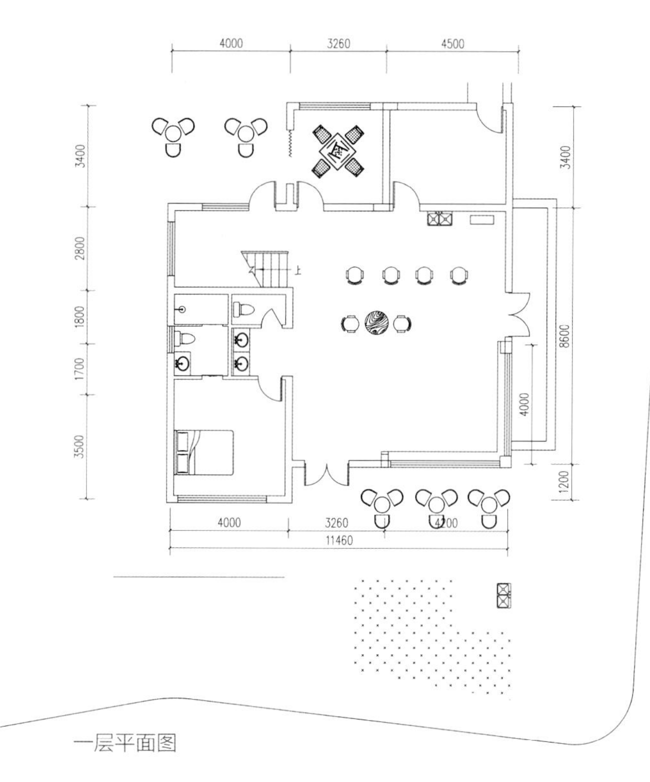

一层平面图

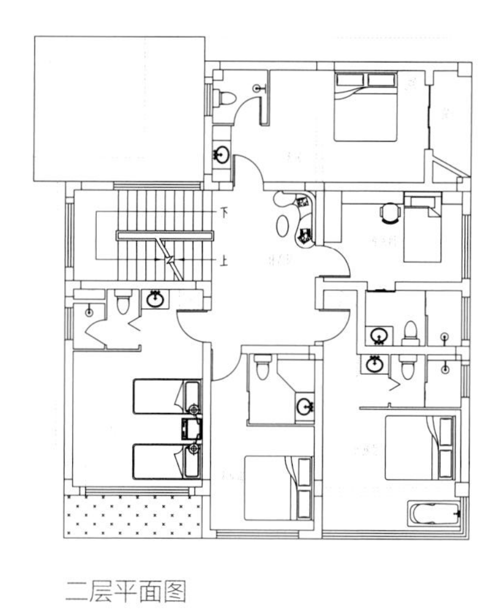

二层平面图

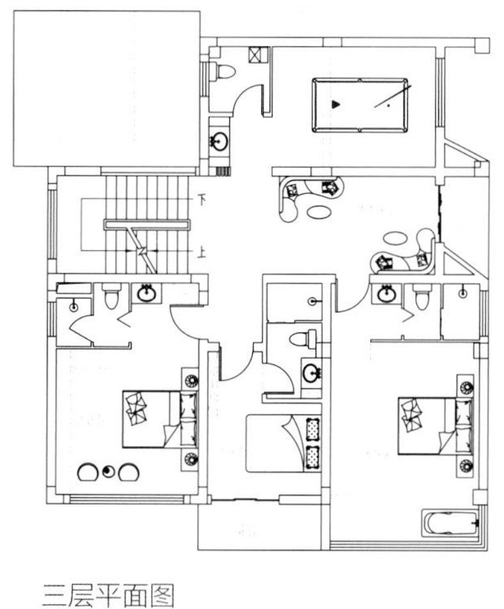

三层平面图

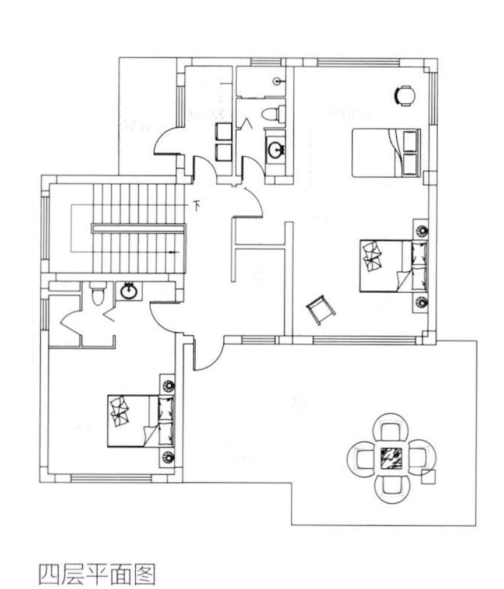

四层平面图

北京平谷玖佑民宿

土建造价：121.40 万元

建筑面积：552.00 m^2

占地面积：370.00 m^2

面　　宽：29.00 m

进　　深：16.00 m

开间数量：7 开间

建筑层数：2 层

结构形式：砖混结构

建筑特征：有露台，平屋顶，有庭院，北入口

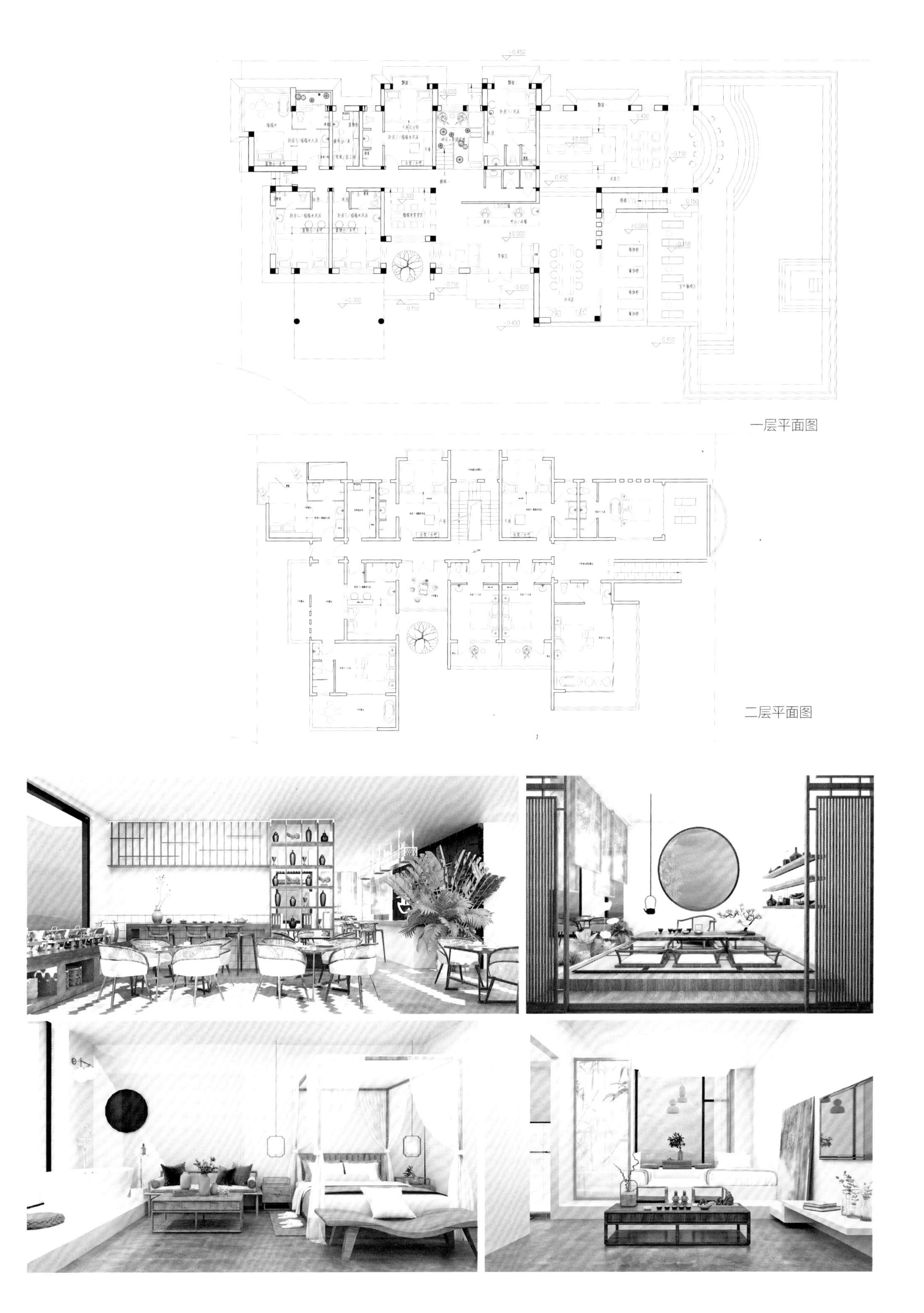

一层平面图

二层平面图

安徽安庆现代民宿

土建造价：111.60 万元

建筑面积：558.00 m^2

占地面积：210.00 m^2

面　　宽：26.30 m

进　　深：12.00 m

开间数量：5 开间

建筑层数：2 层

结构形式：框架结构

建筑特征：带地下室，平屋顶，跃层，有庭院，有土灶

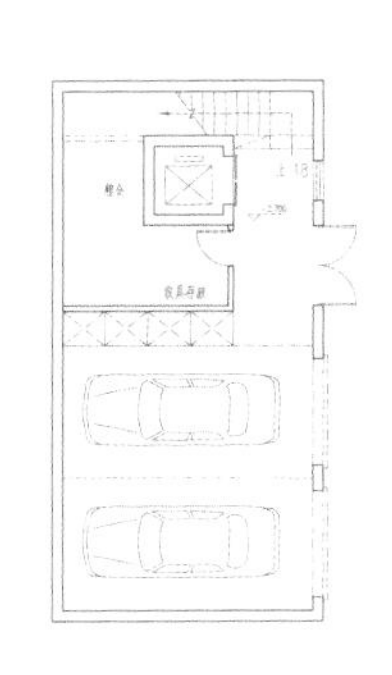

地下一层平面图

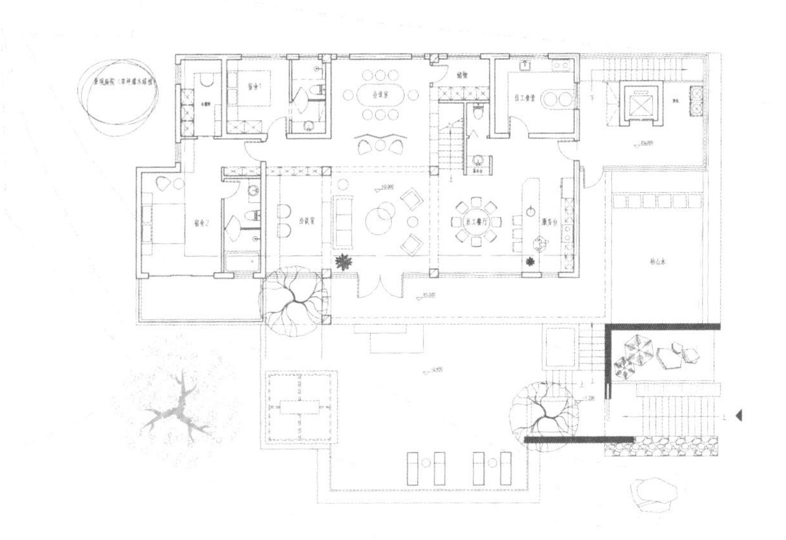

一层平面图

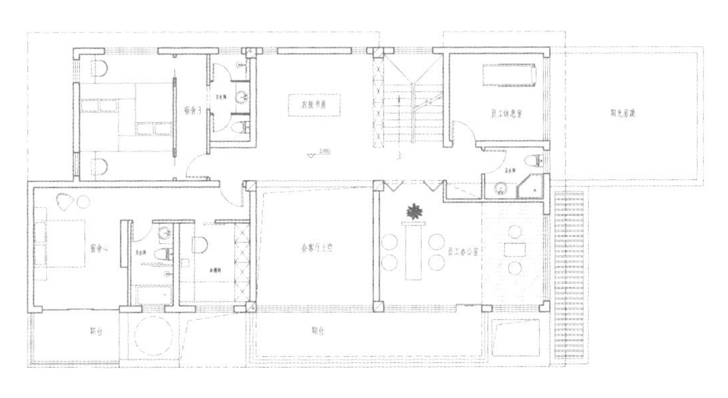

二层平面图

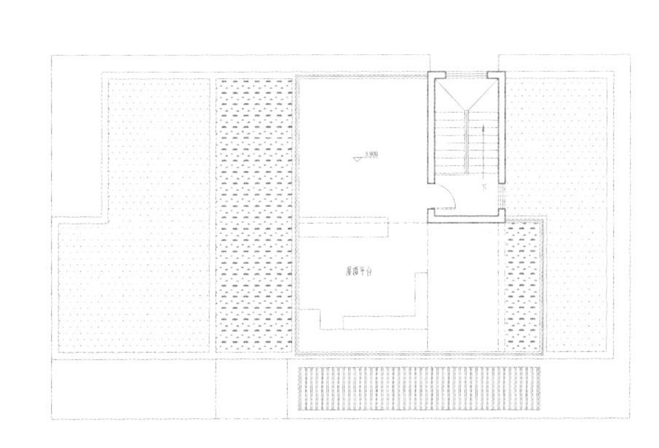

阁楼平面图

东南立面图

东北立面图

西北立面图

西南立面图

江苏扬州易家民宿

土建造价：109.00 万元

建筑面积：665.00 m^2

占地面积：226.00 m^2

面　　宽：27.00 m

进　　深：18.00 m

开间数量：3 开间

建筑层数：3 层

结构形式：框架结构

建筑特征：有露台，贴邻居，有庭院

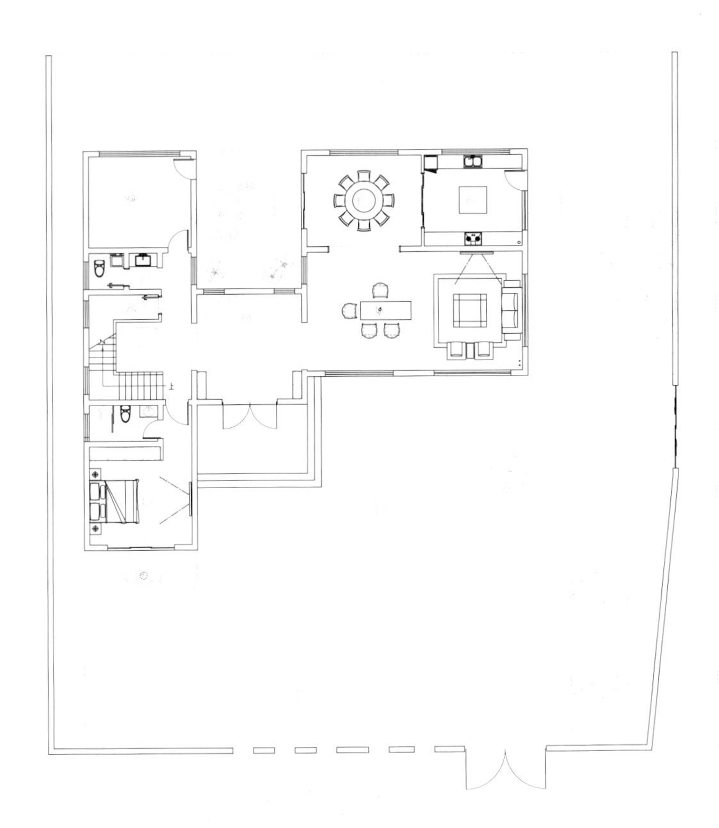

一层平面图

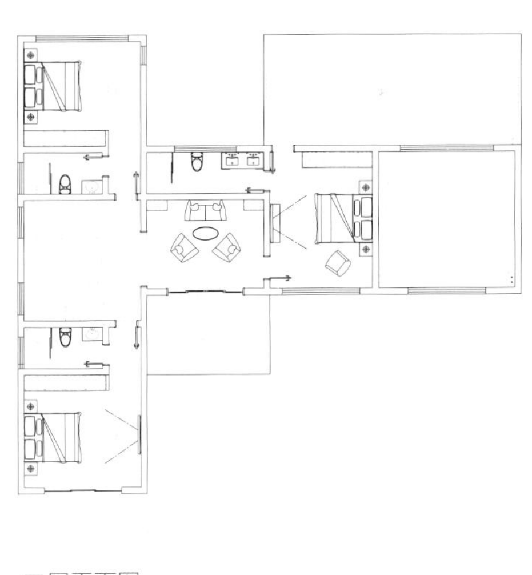

二层平面图

三层平面图

北京房山李家现代民宿

土建造价：43.50 万元

建筑面积：235.00 m²

占地面积：175.00 m²

面　　宽：22.80 m

进　　深：20.30 m

开间数量：7 开间

建筑层数：2 层

结构形式：砖混结构

建筑特征：有露台，平屋顶，有庭院

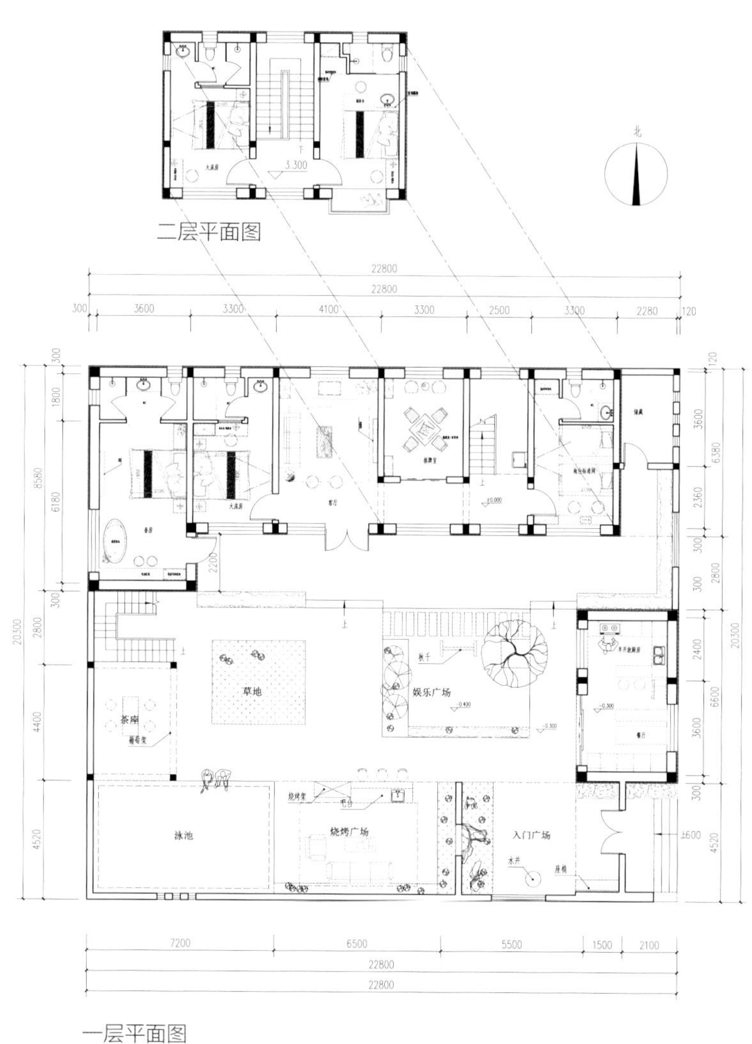

二层平面图

一层平面图

福建泉州颜家现代民宿

土建造价：100.20 万元

建筑面积：524.00 m^2

占地面积：210.00 m^2

面　　宽：16.50 m

进　　深：14.10 m

开间数量：3 开间

建筑层数：3 层

结构形式：框架结构

建筑特征：有露台，平屋顶，有庭院，
有土灶，东楼梯，北楼梯

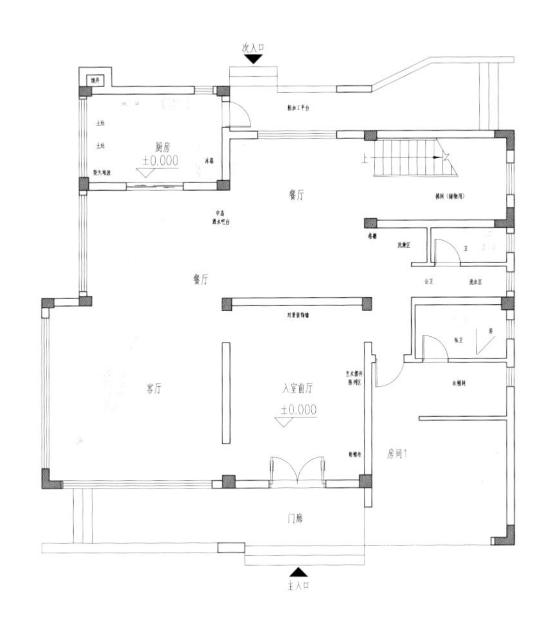

一层平面图

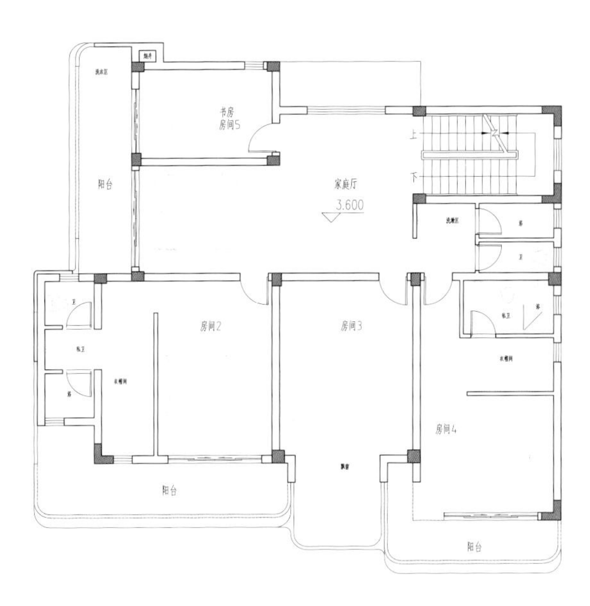

二层平面图

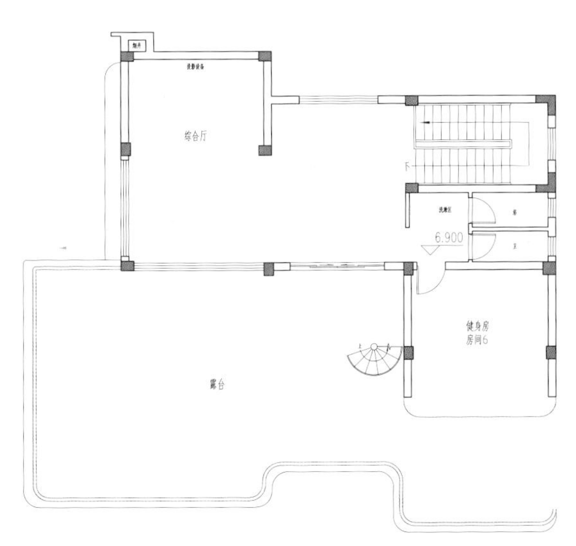

三层平面图

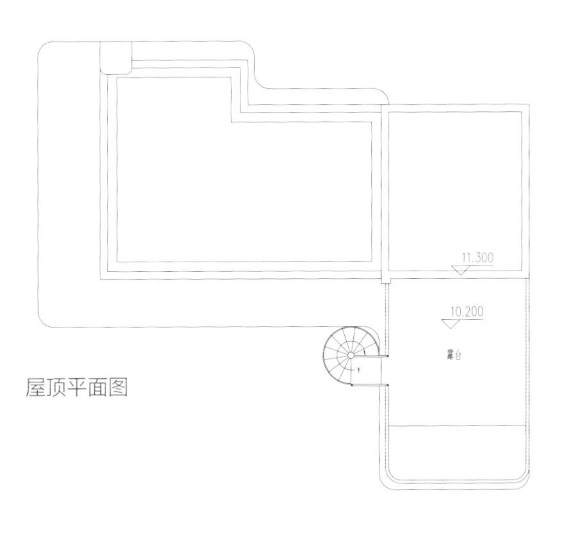

屋顶平面图

北京延庆马家现代民宿

土建造价：40.00 万元

建筑面积：252.00 m^2

占地面积：153.00 m^2

面　　宽：11.90 m

进　　深：21.00 m

开间数量：3 开间

建筑层数：2 层

结构形式：砖混结构

建筑特征：有露台，平屋顶，有庭院

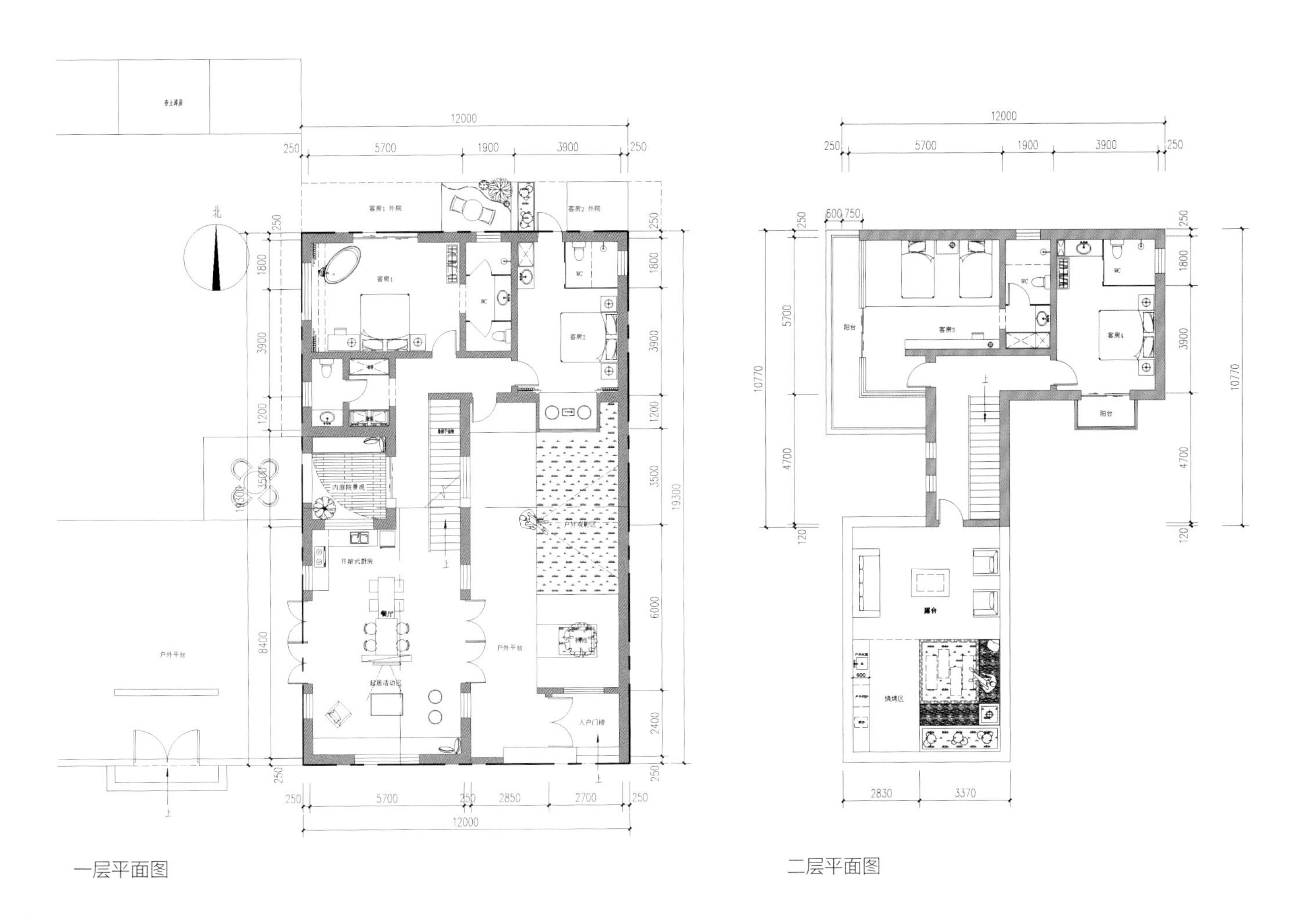

一层平面图

二层平面图

甘肃白银张家现代民宿

土建造价：72.00 万元

建筑面积：421.00 m^2

占地面积：274.00 m^2

面　　宽：30.00 m

进　　深：24.00 m

开间数量：6 开间

建筑层数：2 层

结构形式：砖混结构

建筑特征：有露台，坡屋顶，有庭院，北楼梯

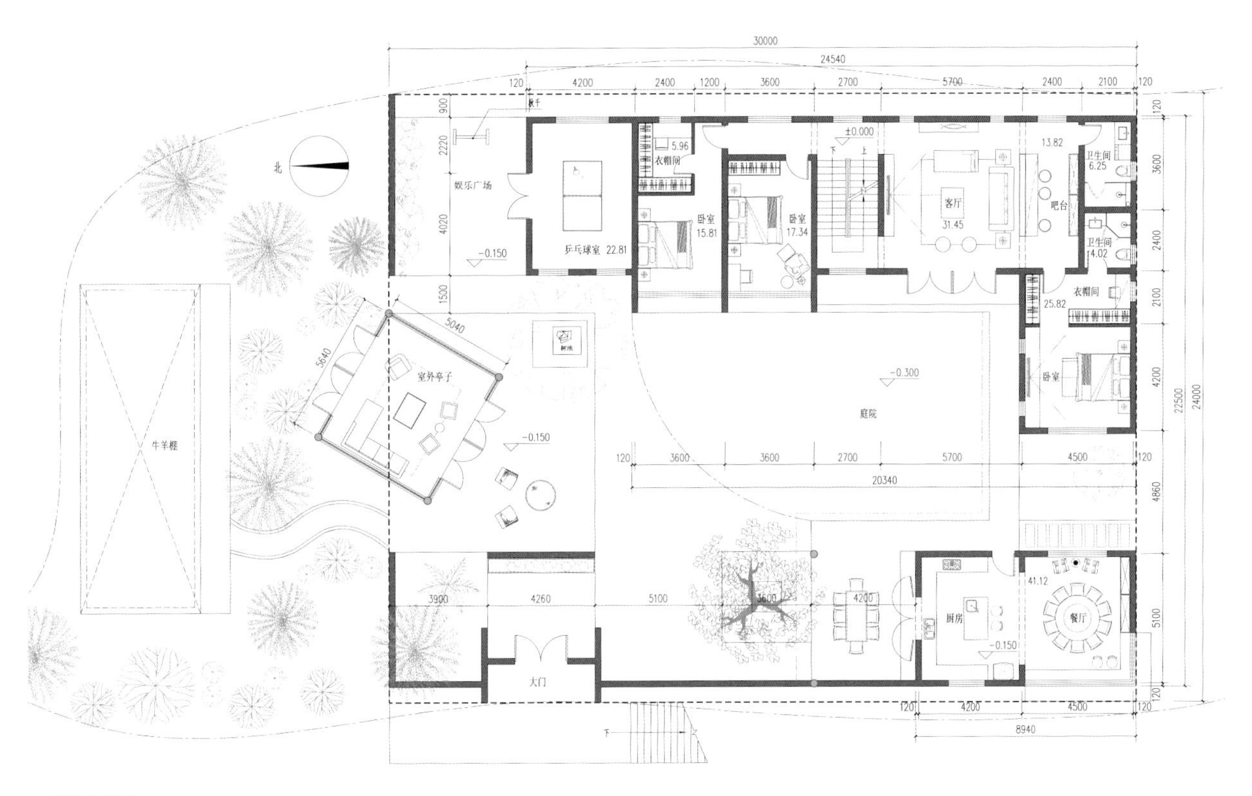

30000
24540
北
娱乐广场
乒乓球室 22.81
衣帽间
卧室
15.81
卧室
17.34
±0.000
客厅
31.45
吧台
卫生间
6.25
卫生间
14.02
衣帽间
25.82
卧室
室外亭子
庭院
-0.300
-0.150
牛羊棚
厨房
餐厅
41.12
大门
20340
8940

一层平面图

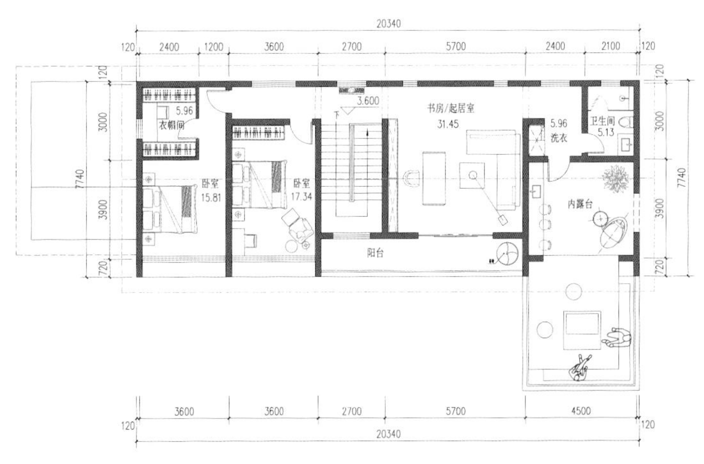

20340
3.600
衣帽间
5.96
卧室
15.81
卧室
17.34
书房/起居室
31.45
洗衣
卫生间
5.13
内露台
阳台

二层平面图

北京密云韦家民宿

土建造价：35.00 万元

建筑面积：156.00 m^2

占地面积：141.00 m^2

面　　宽：17.00 m

进　　深：16.80 m

开间数量：4 开间

建筑层数：2 层

结构形式：砖混结构

建筑特征：有露台，有庭院

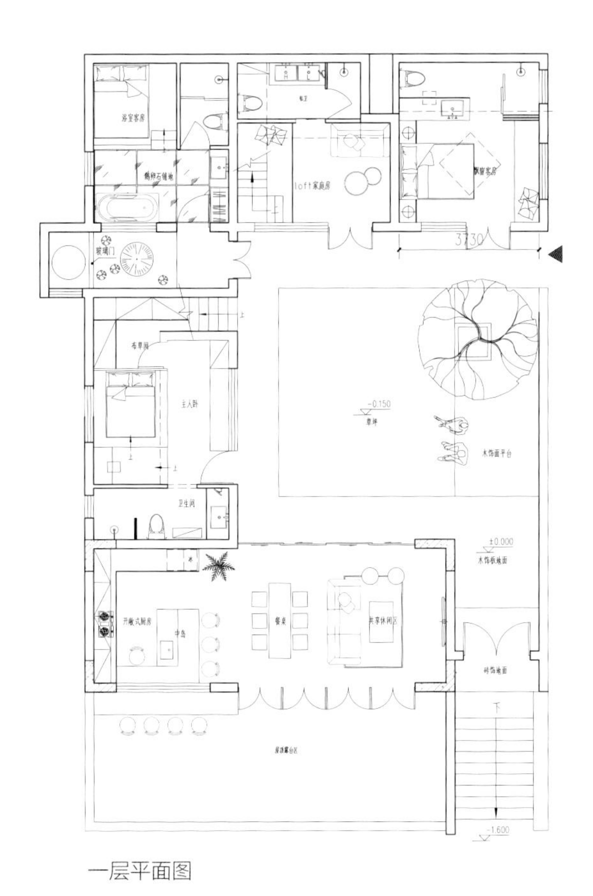

一层平面图

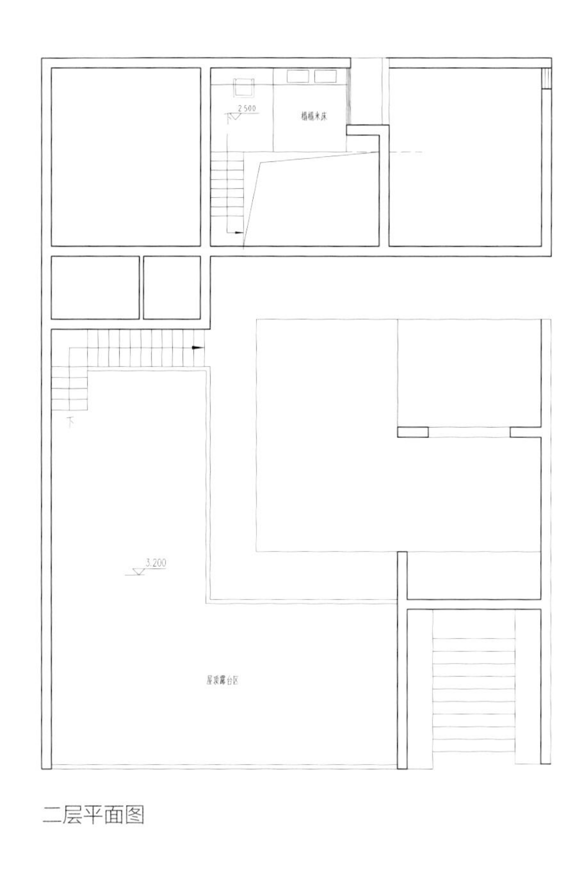

二层平面图

北京通州刘家民宿

土建造价：105.00 万元

建筑面积：326.00 m^2

占地面积：326.00 m^2

面　　宽：17.40 m

进　　深：37.20 m

开间数量：4 开间

建筑层数：1 层

结构形式：砖混结构

建筑特征：有露台，坡屋顶，贴邻居，有庭院，北入口

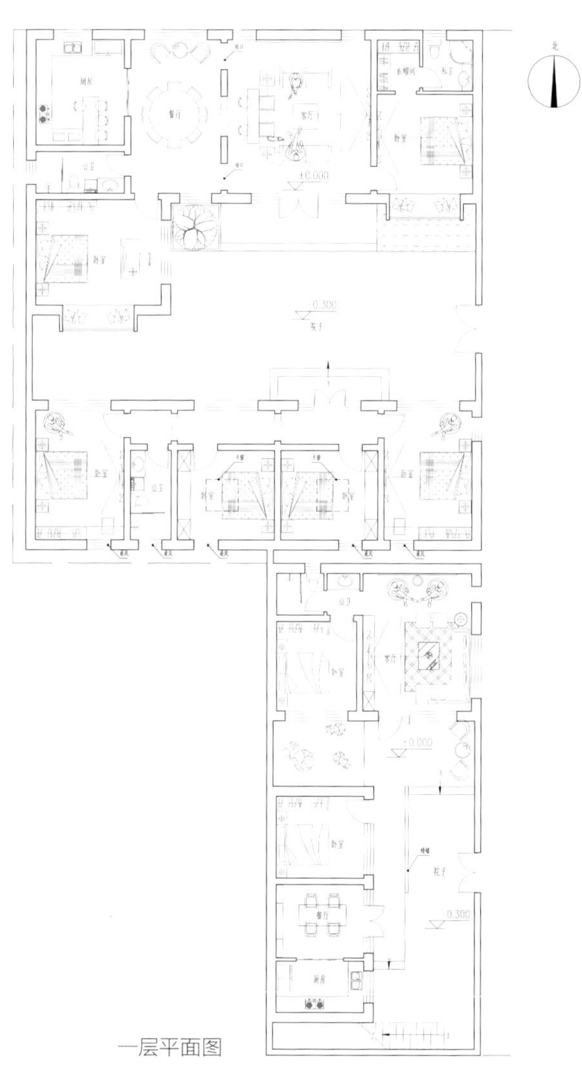

一层平面图